전략, 전술 그리고 작전

전략, 전술 그리고 작전

초판 1쇄 발행일 _ 2009년 9월 2일
초판 2쇄 발행일 _ 2015년 5월 1일

지은이 _ 정희종
펴낸이 _ 최길주

펴낸곳 _ 도서출판 BG북갤러리
등록일자 _ 2003년 11월 5일(제318-2003-00130호)
주소 _ 서울시 영등포구 국회대로 72길 6 아크로폴리스 406호
전화 _ 02)761-7005(代) ㅣ 팩스 _ 02)761-7995
홈페이지 _ http://www.bookgallery.co.kr
E-mail _ cgjpower@hanmail.net

ⓒ 정희종, 2009

값 12,000원

* 저자와 협의에 의해 인지는 생략합니다.
* 잘못된 책은 바꾸어 드립니다.

ISBN 978-89-91177-87-1 03390

전략, 전술 그리고 작전

Strategy, Tactics and Operations

정희종 지음

북갤러리

머리말

대학시절에 읽은 《세계전쟁사》를 계기로 지난 20년간의 전쟁사 연구에 대한 총정리를 할 수 있는 기회가 왔다. 사실 필자가 이렇게 책을 출판할 것이라고는 필자 자신도 몰랐다. 하지만 영국의 스타 발굴 프로그램인 'Britain's got talent'에 출연한 '폴 포츠'와 '수잔 보일'이 세상에 나와 자신의 재능을 펼쳐 세상 사람들을 깜짝 놀라게 하는 것을 보고서 필자도 꿈을 세상에 펼칠 용기를 얻었다. 아마도 폴 포츠와 수잔 보일이 없었더라면 필자의 책도 출간되지 못하고 그저 필자 혼자만의 생각으로 머릿속만 맴돌다 끝났을 것이다.

국내에 출판된 많은 군사에 관한 도서들은 대부분 외국의 번역서 아니면 이론 소개서 내지는 전쟁사에 대한 책들이 전부이다. 한국인 고유의 독창적인 아이디어에 근거한 전략, 전술, 작전에 대한 고유 이론을 출간한 책이 없다. 국내에 많은 밀리터리 마니아들이 있지만 대부분 무기의 제원, 신무기 도입, 전쟁사에만 관심을 가질 뿐 전략, 전술에 대한 관심은 상대적으로 덜한 것이 현실이다.

이 책을 집필한 동기는 그동안 특정 이슈에 대한 기존 이론의 요약, 정리의 차원을 넘어서 나만의 독창적인 아이디어와 이론을 집대성하고 싶었다. 전사 연구의 목적도 결국은 미래를 위한 새로운 군사 이론의 정립이어야지 단순히 사건 나열식, 교훈 중심의 공부는 단편적인 연구라고 생각한다.

20년간 읽은 책들은 다시 꺼내보고, 고증하고, 정리하면서 우리가 가진 지난 전쟁에 대한 인식이 너무 피상적이라는 것과 새로운 수정 없이 오랫동안 전해 내려왔다는 것을 느꼈다.

책을 집필하면서 우리가 당연하다고 생각했던 문제에 대해서 다시 새로운 각도로 재해석하였다. 전략, 전술에 대한 이론도 순수하게 전쟁사를 근거로 필자 나름대로의 이론으로 집필하였다. 물론 필자의 이론이 틀릴 수도 있다. 평범한 회사원인 필자로서는 정보 접근의 한계가 있지만 필자의 책이 과거 어디서 본 듯한 이론의 종합 정리본이 되어서는 안 된다는 일념으로 집필하였다.

3개월간의 집필을 마치고 출판을 결심했을 때 가장 큰 용기와 아낌없는 지원을 해 준 아내에게 감사한다. 그리고 책을 쓰는 아빠의 모습을 보고 자랑스러워한 아들딸 상민, 수민이도 나에게 큰 힘이 되었다. 이 책이 앞으로 우리나라에 더 많은 사람들이 군사 문제에 깊은 관심을 가지는 계기가 되기를 바란다.

정희종

차례

머리말 ……………………………………………………………………… 4

Ⅰ. 전쟁론 / 9

1. 전쟁의 기원 ………………………………………………………… 10
2. 전쟁의 역사 ………………………………………………………… 13

Ⅱ. 전략론 / 31

1. 전략의 정의 ………………………………………………………… 31
2. 역사 속의 전략 …………………………………………………… 34
　(1) 2차 세계대전 독일의 패전 원인 ……………………………… 34
　(2) 2차 대전 당시의 영국, 프랑스 ……………………………… 48
　(3) 박정희 대통령의 선택 …………………………………………… 49
3. 전략의 방향 ………………………………………………………… 51
　(1) 적에게 심리적 압박감을 극대화 하는 방향 ………………… 52
　(2) 일석이조(一石二鳥)의 효과 …………………………………… 59
　(3) 국가 안보가 기업의 이익이 보다 우선시 되는 정책 ……… 66
　(4) 적의 아킬레스건을 노려라 ……………………………………… 71

    (5) 중복 투자를 피하라 …………………………………………… 78
    (6) 적이 갖지 못한 차별화된 무기를 갖는다 ………………… 81
    (7) 적이 대응수단을 갖지 못한 무기를 갖는다 ……………… 82
    (8) 정보에 투자하라 …………………………………………… 84
  4. 건전한 전략을 방해하는 요소 ……………………………………… 86
    (1) 정치논리 ……………………………………………………… 86
    (2) 도그마와 시대에 뒤떨어진 독트린 ……………………… 110

Ⅲ. 전술론 / 113

1. 전술의 목적 ………………………………………………………… 113
2. 전술과 작전의 상관성 …………………………………………… 120
3. 건전한 전술을 방해하는 요인 …………………………………… 121
   (1) 정치논리 ……………………………………………………… 121
   (2) 과도한 정신주의 …………………………………………… 127
   (3) 신무기, 신전술에 대한 저항감 …………………………… 130
4. 전술의 목적을 달성하기 위한 방법 …………………………… 141
   (1) 기습 …………………………………………………………… 141
   (2) 합리성에 기초한 연구정신 ………………………………… 170
   (3) 무기에 대한 완벽한 이해 ………………………………… 179

Ⅳ. 작전론 / 185

1. 작전의 목적 ·· 185
2. 작전의 원칙 ·· 187
    (1) 적의 의도를 역이용하라 ·· 187
    (2) 정보 없이 작전 없다 ·· 195
    (3) 최소한의 교전, 최대한의 기동력 ··· 200
    (4) 작전 명령은 단순하게, 지휘는 분권형으로 ························· 202
    (5) 작전의 성공은 보급에 달려있다 ·· 208

부록. Q&A

1. 한국 육군의 문제점은 무엇인가요? ··· 219
2. 어떤 군대가 강한 군대인가요? ·· 221
3. 군사력 건설 방향? ·· 231
4. 전략적 관점에서 본 한국군의 문제? ······································· 232
5. 2차 대전 독일, 일본이 패한 원인은 무엇이라고 보시나요? ··········· 240
6. 북한은 왜 잊어버릴 만하면 위기(미사일 위기, 핵위기)를 만들죠? ··· 253
7. 북한의 포병에 대한 진실은? ·· 256

I. 전쟁론

전쟁의 원인과 정의에 대해서는 오래전부터 다양한 분야(정치가, 정치학자, 군인, 평화론자, 사회학자 등)에 의해서 다각도로 시도되어 왔다. 그 결정판은 역시 나폴레옹 전쟁 당시의 프로이센 장군 클라우제비츠의 전쟁론이다. 너무도 유명한 문구 "전쟁은 정치의 연장이고, 정치의 또 다른 수단이다." 이 문구는 너무나도 많이 인용되었고 누구도 이의를 제기하지 않을 만큼 명쾌한 결론이었다. 하지만 1810년대의 상황(당시 전제군주제 하의 상황)과 현재의 상황(금융혁명)과의 커다란 괴리감은 이러한 정의에 일부 수정을 요구한다. 산업혁명 이전에는 주로 귀족, 왕족이 자신들의 이해관계에 의해 전쟁을 결정했지만, 산업혁명을 거쳐 자본주의의 마지막 단계인 금융혁명 이후에는 금융이 산업을 지배하면서 전쟁은 베일에 가려진 금융가들의 손에 좌우되었다. 이제 전쟁은 순수한 정치적 영역을 벗어난 것이다. 물론 그 이전에도 전쟁에서 경제가 차지하는 비중은 결코 무시할 수 없었다. 하지만 이제 경제는 정치의 일부가 아닌 정치의 전부라고 할 만큼 비중이 커졌다. 경제가 정치를 삼켰다고나 할까? 공산주의가 몰락한 이유도 인간의 경제적 욕구가 인간의 고귀한 정치적 이상, 이념, 신념을 뛰어넘었기 때문이다. 평등사회, 착취가 없는 이상 사회라는 정치적 메시지도 이것을 버림으로써 더 큰 경제적 이익을 얻을 수 있다는 가능성에 인간은 피 흘려 어렵사리 얻은 이념을 포기했다.

그럼 전쟁의 역사를 회고하면서 전쟁에서 경제가 차지하는 역할과 비중을 통해 전쟁과 경제의 상호 관계를 알아보자. 아울러 전쟁의 본질에 대한 새로운, 수정된 정의를 시도해 보겠다.

1. 전쟁의 기원

인류는 전쟁으로 인한 대량살상, 경제적 피해, 그 후유증을 두려워하면서도 잠시도 전쟁을 놓지 않는다. 고귀한 인명을 희생하면서까지 전쟁을 치러야 하는 이유는 무엇인가? 전쟁은 어떠한 경우 정당화되는가? 어떤 전쟁이 무의미한가? 어떤 전쟁이 정당화되는가? 이러한 의문에 대한 정답은 인류에게 던져진 정치적이고 철학적인 과제이다. 하지만 여기에서는 그러한 사변적, 공리공론적인 이야기를 하고 싶지는 않다. 동양에서 병가(兵家)라는 전쟁의 학문은 춘추전국 시대에 손무, 오기, 손빈 같은 선구자에 의해 만들어졌다. 중국을 대표하는 군사 사상가 모두 춘추 전국 시대라는 오랜 내란기에 배출된 것은 그 시대가 이러한 학문을 처음으로 광범위하고 지속적으로 정권 차원에서 필요로 했기 때문이다. 인간의 지성, 열정을 몰입하게 만든 것은 항상 시대의 수요(경제적 수요)가 있기 때문이다. 인간은 돈이 되어야만 비로소 무거운 엉덩이를 땅에서 떼고, 돈이라면 목숨조차도 귀천에 상관없이 거는 성향이 있기 때문이다. 부모 자식간에, 형제간에, 이웃간에, 친구간에 원수로 만드는 것은 바로 경제적 이해관계이며, 어제의 적을 오늘의 친구로, 반대로 어제의 적을 오늘의 동맹자로 만드는 것도 경제적 이해관계이다.

대항해(大航海) 시대에 필수적인 항해술도, 항해술이 있기에 상업혁명 시대가 열린 것이 아니라 항해술을 필요로 하는 사회적인 수요가 있었기에 항해술이 발전한 것이다. 유럽에서 십자군 전쟁을 통해, 유럽의 귀족들이 한번 맛들인 동양의 매력적인 상품(향료)에 대한 폭발적인 수요, 상업을 통한 엄청난 이윤의 보장이 있었기에 유럽의 과학자들은 물론 콜럼버스와 같은 명예욕과 한탕주의 탐험가들도 항해술에 몰입하여 결국 얼떨결에 신대륙을 발견한 것이다.

역사적으로 전쟁의 시작은 바로 경제 활동의 연장, 경제적 이권쟁탈에서 시작되었다. 나의 식량을 지키기 위해, 나의 생활권을 지키기 위해 성을 쌓고 무기를 만들고. 반대편에서는 이를 빼앗기 위해 공성장비를 만들고 무기를 만들었을 것이다. 국가라는 것이 생기고 국가의 존립 기반인 관료제도, 군대를 유지하고 특권층의 기득권 유지를 위해서는 안정적인 재정 수입이 필요했고, 이것이 정책의 최고 우선순위가 되었을 뿐이다. 정치의 이름으로, **전쟁은 자연 발생적으로 '피를 흘리는 경제 활동이요, 비즈니스다.'**

자존심에 의한 전쟁, 종교전쟁, 왕위 계승을 둘러싼 전쟁도 알고 보면 그 안에는 경제적 이권이 있을 것이다. 동서양을 막론하고 전쟁을 위한 전쟁은 없다. 경제적 이해관계가 외교적으로 해결되지 않을 때 인간은 무기고의 문을 연다.

전쟁의 수요는 도덕성과 무관하다. 유럽의 삼각무역에서 중요한 위치를 차지한 노예무역도 그 자체로 물론 비도덕적이지만 신대륙의 사탕수수, 담배와 같은 대규모 노동집약적 플랜테이션 산업에 없어서는 안 될 값싸고 마음대로 부릴 수 있는, 그리고 재생산이 가능한 노동력이다. 이러한 노예무역의 주도권과 세력권을 둘러싼 열강들의 전쟁은 도덕적으로는 비난 받을지 모르나 정치적으로는 정당했다. 전쟁의 수요는 인류의 시작과 더불어 변함없이, 변덕 없이 있어 왔고, 항상 도덕성과 무관하다. 역사는, 승자는 도덕적이고, 패자는 비도덕적으로 기록된다. 물론 전쟁에는 희생이 뒤따른다, 인명의 희생, 패배시 정치적인 부담. 하지만 인간은 이러한 부담을 무릅쓰고 전쟁을 선택한다. 경제를 위하여! 경제 문제야 말로 구성원 모두의 지지를 끌어내는 공통의 최대 이슈이기 때문이다. 경제적인 이슈야말로 인간의 생명, 종족의 운명, 문명의 파괴마저 뛰어넘게 만든다. 마키아벨리가 지적한 것처럼 "자신의 부모를 죽인 자는 용서

할 수 있어도 자신의 재물을 빼앗은 자는 용서할 수 없다"고 하지 않았던가? 생명을 빼앗은 것은 곧 잊어버리지만 영토를, 그것도 노른자위 영토를 빼앗기면 반드시 이를 되찾기 위해 전쟁을 준비하는 것이 역사에서 수없이 반복되었다.

2. 전쟁의 역사

전쟁을 청동기 시대부터 현대까지 개괄적으로 회고하면서 우리는 전쟁의 성격과 본질이 어떻게, 누구에 의하여 변화되었는지를 유추할 수 있다. 전쟁의 변화와 흐름의 본질을 알아야만 전쟁을 이해할 수 있으며, 향후 전쟁의 향방을 예측할 수 있다.

청동기 시대

원시 채집경제 시대를 거쳐 인간은 좀 더 안정적인 식량 확보를 위해, 그동안 구석기 시대를 통해 얻은 도구의 발명과 자연에 대한 이해를 통해 식물의 라이프사이클(Life cycle)에 대한 이해를 기반으로, 신석기 시대에 들어서 조, 피, 수수 같은 농사가 시작되었다. 하지만 이때만 해도 부족간에는 공동생산, 공동소유를 하며 오순도순 잘 지냈다. 이들 작물은 단위면적당 생산량이 적어 집단적으로 서로 협동하여 농경을 하지 않으면 높은 생산성을 기대하기 어려웠다. 따라서 원시 공산사회가 형성,

유지되었다.

그러나 청동기 시대에 들어서 벼농사가 시작되면서 상황은 바뀌었다. 벼농사는 단위면적당 수확량이 조, 피, 수수에 비해 압도적으로 많고, 연중 내내 고온다습의 기후에서는 일년 이모작도 가능하다. 바로 잉여생산물이 생긴 것이다. 구성원이 먹고도 남을 만큼의, 이 잉여생산물을 두고 부족 내에서 구성원간 서로 자신이 더 많은 몫을 가져야 한다고 주장했을 테고, 이 문제로 구성원간 첨예한 입장차이가 있었을 것이다. 어제까지 이웃사촌으로 잘 지내던 사람들이 서로 자신이 더 많은 몫을 가져야 한다고 주장하며, 서로간 긴장이 발생하였다. 마치 어제까지만 해도 같은 피를 나눈 종친들이 종중 소유의 임야에 도로가 생겨 거액의 보상금을 수령하자 서로 자기가 더 많은 돈을 받아야 한다고, 백인백색의 명분을 대면서 어제의 친척이 오늘에는 법원에서 원고, 피고의 사이가 되는 것과 마찬가지다.

이제는 부족의 구성원으로 남는 것보다는 나의 친족을 이끌고 분리 독립하는 것이 내가 더 많은 수확물을 독점할 수 있다고 생각한 사람들은 토지에 경계를 긋고 부족원으로부터 독립하여 가족단위 영농을 했을 것이고, 이에 따라 사유재산이 생겼다.

자원이 부족할 때에는 소유의 구분이 없다가 잉여생산물이 생기면서 소유권의 절대화가 진행된 것은 참으로 아이러니다. 중국 사람은 모자람을 불평하는 것이 아니라 공평하지 못함을 불평한다고 했나. 잉여생산물은 분배를 둘러싼 공평성, 형평성 문제를 필연적으로 수반하여 사회 구성원의 불평불만을 피할 수 없었다.

　인간이 집단생활을 하는 것은 야생동물과 마찬가지로 서로의 필요성(외적으로부터 보호받기 위해, 공동 사냥을 위해)에 의한 것이지 인간이 원래부터 사회적 동물이기 때문은 아니다. 인간은 자신의 경제적 필요에 따라 같이 살기도, 독립하기도 한다. 또한 분리 독립 이후에도 농업에 있어서 필요한 물, 토지를 둘러싸고 인간은 좀 더 좋은 입지조건을 얻기 위해 부족간에 갈등이 생겼을 것이다. 어제까지만 해도 같은 부족원이요, 이웃사촌이었지만, 이제는 제한된 토지, 물을 가지고 경쟁해야 하는 잠재적인 가상의 적이 되었다.

　농업혁명은 인간을 만성적인 기아로부터 해방시켜 주었지만, 결국 잉여생산물을 둘러싼 갈등, 조직 분화, 빈부에 따른 계급의 발생을 낳았다. 가난한 자는 부자의 밑으로 들어가 농노로 또는 가병의 역할을 했을 테고, 부자는 토호로 변하여 이제는 그 지역의 유지가 되었을 것이다. 고인돌은 이 토호들의 세력과 권위를 알리는 표시이다(참고로 고인돌은 농경민족의 문화이지, 기마민족의 문화는 아니다).

　계급의 발생은 곧 전면적인 긴장 조성을 의미한다. 가진 자는 지키기 위해서 무력이 필요하고, 무산자는 빼앗기 위해 무기가 필요했다. 적절한 분쟁 기관이 없던 당시는 힘이 곧 정의인지라 문제가 생기면 무력에 호소했다. 농업혁명 덕분에 인간은 더욱 풍요롭고 모두가 충분한 식량 속에서 싸울 이유가 없으리라 생각했지만, 결과는 정반대가 되었다. 생산량은 소수가 독점하고 잉여농산물을 서로 빼앗기 위해 또는 지키기 위한 전쟁의 수요는 더 늘어만 갔다. 전체적인 절대량은 기하급수적으로 증가했으나, 그 대부분은 소수에게 집중되었으니 계급간의 긴장, 부족간의 긴장 역시 기하급수적으로 증가하였다.

마디에(Albert Mathiez)는 그의 《프랑스 혁명사》에서 혁명의 궁극적인 원인은 번영 속의 계급간의 불균형이라고 말한다.

"혁명이 일어나는 것은 쇠퇴하는 나라에서가 아니라 오히려 발전하고 번영하는 나라에서다. 가난은 더러 봉기를 일으키게 하나, 사회를 뒤집어 버리게 할 수는 없다. 사회를 뒤집어 버리는 일은 언제나 계급간의 불균형이다."

경제가 발전할수록 빈부격차는 더욱 커지고, 계층 내의 신분 분화는 가속된다. 같은 농민 중에서도 소작농에서 자작농으로 결국 부유한 지주로 성장하여 자본가로 변모하는 사람이 있는가 하면(영국 산업혁명의 주역인 기업가들은 대부분 농촌의 평민 출신, 지주들이었다), 반대로 자작농에서 소작농으로 다시 날품팔이 떠돌이 농업노동자로 전락하는 사람이 있다. 똑같이 가내수공업에서 출발한 기술자도 어떤 사람은 규모를 늘리고 신기술을 도입하여 산업자본가로 성장한 반면, 대부분은 도시로 흘러들어가 가난한 노동자가 되었다. 이러한 같은 계층 내에서의 빈부격차는 사회가 안전망(사회보장 제도)을 제공하지 못하는 경우, 혁명의 불씨로 잠재해 있다가 여건이 성숙되면 바로 점화되어 폭발한다.

경제가 발전할수록 무기의 수요는 줄어드는 것이 아나라, 오히려 더 늘어나는 것은 경제 발전으로 인한 계급의 발생 때문이다. 국가간에도 마찬가지이다. 2번의 세계대전은 모두 문명국에서 일어났지 아프리카와 같이 후진국에서 일어나지는 않았다. 우리가 알고 있는 유명한 전쟁(마라톤, 펠로폰네소스, 포에니 전쟁) 모두 가난한 나라끼리 생존을 위한 생계형 전쟁이 아닌 모두 강국들의 헤게모니 쟁탈전이다. 가지면 가질수록 경쟁은 늘어나고, 이것을 지키기 위해, 아니면 남의 것을 빼앗아 경쟁자를 따돌리기 위해 인간은 가장 빠른 방법인 전쟁에 호소한다.

청동기 시대에 등장한 새로운 혁명은 최초의 제련된 무기인 동검이다. 청동기 무기는 경도는 떨어지나, 베고, 찌르기로 그 전에 석기가 가지지 못한 단 일격에 상대의 제압이 가능해졌다. 하지만 구리와 주석의 합금인 청동기는, 특히 주석이 희귀한 광물이므로 대량생산이 어려워 이러한 무기는 소수 특권층, 군인만이 무장할 수 있었다. 따라서 무장한 군인의 숫자, 상비군의 숫자는 제한되었다. 경제력을 가진 자는 잉여농산물을 지키기 위해 이러한 강력한 무기가 필요했을 것이다. 한 손에는 경제력을, 다른 한 손에는 강력한, 차별화된 공포의 무기를 쥔 자는 그렇지 못한 부족을 상대로 정복 전쟁을 벌여, 부족이 점차 하나로 통합되었다. 이제는 광대한 영토를 유지하기 위한 관료제도와 전문적인 군대의 필요성이 제기되었다. 바로 국가를 세우기 위한 기본 시스템이 탄생한 것이다. 잉여농산물과 청동검의 등장이 청동기 시대의 특징이며, 청동기 시대에 국가

가 탄생한 물적·군사적 기반이 되었다

강을 기반으로 이룩한 4대 문명도 이러한 청동기 시대의 산물이다. 강을 통하여 농사에 필요한 물을 얻고, 물자를 수송하고 관개 농업을 위하여 많은 노동력이 필요했고, 노동력을 일사분란하게 강제 동원하기 위해서 관료제도와 청동기로 무장한 군대가 필요했다. 이렇게 생겨난 잉여농산물과 군대를 독점한 자는 왕의 이름으로 통치하면서 피지배층의 저항의식을 원천적으로 봉쇄하면서 자신의 지위와 특권을 자손만대에 안전하게 전하기 위해 자신을 신적인 존재로 만들 필요가 있었을 것이다. 이리하여 종교가 필요했고, 교주가 머물 위압적인 신전이 필요했고, 자신은 그 안에서 신의 이름으로 또는 신의 대리인 내지 인간과 신의 중재자로 통치하기에 이른다. 이쯤 되면 피지배 계층은 저항할 엄두를 못 낼 것이다. 저항은 곧 권력에 대한 저항이 아닌 신에 대한 도전이기 때문이다.

종교가 특권층의 이익을 대변하지만 또한 사회 안정에도 도움이 되는 게 사실이다. 종교가 강력히 뿌리내리는 곳에서는 왕권이 곧 신권이기에 정권교체가 단지 무력과 불만만 있다고 수시로 일어날 수 없으며, 또한 계급의 발생, 유지를 정당화시켜주어 피지배 계층을 '순한 양'으로 만든다. 종교는 대중을 효율적으로 지배하는 훌륭한 도구였다. 오히려 강압적인 군대와 관료보다도…. 나폴레옹은 일찍이 "사회란 재산의 불평등 없이 성립될 수 없고, 재산의 불평등은 종교 없이 성립될 수 없다. 나는 종교에서 기적은 인정하지 않으나, 사회의 질서라는 기적은 인정한다"라고 종교의 본질을 예리하게 꼬집었다. 청동기 시대에 국가적인 종교가 생긴 것은 우연이 아니다. 종교로 인해 청동기 시대는 이전 석기 시대보다 안정적인 사회로 접어들었다. 피라미드를 건설한 사람은 노예나 포로가 아닌 이집트의 건전한 시민들이다. 오히려 노예는 이런 종교적인 행사(피라미드는 태양을 떠받는 종교의 부산물)에 감히 참여할 수 없었다. 이제 종교는 민중과 하나가 되어 기꺼이 어려운 육체적인 고통도 감내할 준비가 되었다. 이로써 청동기 시대 국가의 특징인 잉여농산물, 일반인이 가지지 못한 강력한 무기로 무장한 근위대, 체계화되고 사회에 완전히 뿌리 내린 종교가 완성되었다.

이러한 사회제도는 1789년 프랑스 대혁명이 일어날 때까지 그대로 유지된 것을 보면 청동기 시대야 말로 인류문명의 모태요, 시작이다. 청동기 시대의 인간의 지능과 정치력을 과소평가하면 안 된다.

청동기 시대의 잉여농산물과 안정된 정치체제 그리고 특권층의 시간적 여유는 연구와 학문, 예술을 향유할 기회를 주어 문명이 발생하였다. 피라미드의 그림은 귀족들의 작품이지 사회 하층민(조선의 도공 같은)의 작품이 아니다. 이제 귀족은 특권을 향유하면서 동시에 여가 시간을 예술적인 관심에 쏟은 것이다. 한편으로는 계급의 발생과 정복 전쟁, 다른 한편으로는 종교의 발생과 특권층의 예술에 대한 관심, 잉여농산물이 가져다 준 정반대의 모순된 선물이다.

철기 시대

B.C 1200년경, 철기 시대에 접어들면서 철제 농기구와 소나 말의 이용

으로 농업의 생산성은 비약적으로 증가하여 더욱 더 많은 잉여농산물이 생겼고, 제철기술의 발달로 좀 더 단단하고 예리한 가공할 만한 살상무기가 등장하였다. 청동기는 매우 희귀한 광물인 주석에 의존하였기에 대량생산이 어려워 무기 생산은 매우 제한되었고 무장한 군인의 수도 제한되었으며, 농사 기구는 여전히 석기였다. 따라서 대규모 인원이 필요한 장거리 원정이라든가 국가 전체를 대상으로 하는 정복활동은 어려웠다. 국가를 정복하려면 우선 많은 군대, 장거리 수송, 지속적인 군량 보급이 필요하지만 청동기는 이러한 요건을 충족시키기에는 미흡했다. 하지만 철기 시대는 이러한 장애를 극복할 수 있었다. 우선 철은 주석보다 채취가 용이하고 더 광범위하게 매장되어 있어 대량생산이 가능하다. 따라서 전쟁무기의 수요를 충족시키고도 남아 농사에도 이용될 정도였다. 철의 대량생산은 국가 정복에 필요한 대규모 상비군의 무장을 가능케 하였다. 또한 충분한 철 생산 덕분에 다양한 병과가 탄생되었다. 경보병, 중장보병(철제 갑옷), 창병, 궁수, 전차병, 기병 등과 같은 다양한 병종은 충분한 양의 철 생산 덕분에 가능해졌다.

철기 시대의 특징 중의 하나는 비로소 말을 전쟁에 대량으로 이용하기 시작했다는 것이다. 말은 힘과 지구력, 신속성을 가진데다 순종적이어 대량 사육이 가능하다. 기병 중심의 전투는 전격전을 가능케 하며, 보병전투 역시 말을 이용한 보급품의 신속한 운반으로 행군 속도도 증가하였을 것이다. 말 덕분에 전쟁은 그 전보다 훨씬 속도전이 되었다.

말의 대량 이용, 다양한 응용은 현대전에서 자동차, 전차의 출현만큼

혁명적인 전술이었을 것이다. 기동성, 충격력, 화력(말, 전차 위에서 화살을 쏘면 보병은 속수무책, 더구나 말까지 갑옷을 입힌 경우), 철제 갑주를 통한 방어력까지 고루 갖춘 대규모 기병이 집단적으로 돌진할 때 상대편 보병은 마땅한 대응 무기가 없는 상황에서 곧 공황상태에 빠져 저항을 단념할 것이다.

마치 6·25 당시 장교조차 사진으로만 본 전차를 보고 한국군이 공황상태에 빠진 것을 기억하면 보병 중심의 고대인이 기마병을 보고 얼마나 충격을 받았을지 상상하기 어렵지 않다. 기원전 1500년에 시작한 말의 이용이 제2차 세계대전까지 이용(독일군은 소련 침공시 70만 마리를 동원)된 것을 보아도 말의 이용은 역사적, 군사적 혁명이었다.

흔히 군사사에서 철기 혁명, 내연기관의 혁명, 정보 혁명 등은 언급해도 말의 이용은 간과하는데, 말의 이용이야말로 전쟁의 양상을 바꾸어 놓고 세계 역사를 바꾼 혁명이라고 본다. 기마민족인 흉노, 몽고족, 훈족이 세계적인 제국을 이룬 것은 철이 아닌 말 덕분이었다. 스페인이 마야문명을 정복할 때 원주민이 가장 무서워한 것은 대포가 아닌 말 탄 기병이라고 한다. 말을 타고 창을 들고 돌진하는 기병이 그들의 눈에는 말과 인간이 합쳐진 그리스 신화에 나오는 '반인반마'의 괴물 켄타우로스처럼 보였을 것이다.

말의 이용은 이제 거리의 한계를 극복하고 보다 먼 거리의 원정을 가능케 했으며, 전쟁을 속전속결로 이끌었다. 보병은 느린 행군속도로 인해 적에게 움직임이 노출되고 기습을 기대할 수 없으나, 이제 기병은 기습, 우회 기동으로 신속히 적의 심장부로 돌진하여 적에게 군대를 동원할 시간을 주지 않고, 전투준비를 할 시간을 주지 않으니 전쟁의 장기화에 대한 부담감으로부터 자유로웠다. 어느 군대가 기병을 많이 보유하느냐가 승패를 좌우했다. 한니발이 가장 신경 쓴 것은 기병의 확보였다.

화약이 등장하기까지 기병은 전장의 유일한 강자였다. 유럽 중세를 유지시킨 것은 기독교와 기사집단이었을 정도이다. 농민 출신의 보병이 소총으로 무장하면서 기사의 우월성을 상실하기 전까지. 이제 대규모 군대를 무장시킬 많은 철과 장기전이 가능한 엄청난 농업생산성 그리고 이를 신속히 대량으로 운반할 말의 이용으로 이제는 부족 통일을 넘어서 인접국가를 정복할 필요충분조건이 완비되었다. 중동에서 히타이트가 세계 최초의 제국을 건설한 것도 철기를 무기로 사용하고 말을 전쟁에 적극적으로 대규모로 이용했기 때문이다(흔히 거대한 피라미드와 스핑크스의 환상으로 이집트가 더 큰 제국처럼 생각되지만, 사실은 나일강 유역만 직접 통치의 영역이었고, 시리아-팔레스타인은 헤게모니 영향력을 행사하는 정도였다). 이제 전쟁은 부족을 넘어서 대륙을 지나 이웃 국가의 정벌까지 가능해졌다. 히타이트, 아시리아 같은 제국이 탄생하는 것이 철기 시대였다.

인간의 삶을 좀 더 윤택하게 하기 위한 농업의 발전과 제철기술이 오히려 전쟁의 수요를 더 늘린 것은 아이러니다. 인간은 사회적 동물이기 전에 전쟁의 동물이다. 철기 시대에 고안된 각종 인프라와 군사기술은 화약혁명이 시작되기 전까지 거의 2000년 이상 변함이 없었다. 인간의 사회 질서의 기본이 청동기 시대에 완성되었다면, 웬만한 전쟁 도구는 철기 시대에 이미 완성되었다.

화약 혁명의 시대

화약은 중국에서 발명했지만 이를 군사적으로 세련되게 발전시킨 것은 유럽이었다. 유럽은 통일 왕국을 이룬 중국, 인도와 달리 수많은 나라가 정치적으로, 지리적으로 분열되어 있어 경쟁과 전쟁의 수요도 끊이지 않았고, 군사무기의 개량에 대한 정치권의 관심이 지대했다. 이런 수요에 맞추어 기술자들은 끊임없이 개량을 시도했고(다빈치도 사실은 무기 엔지니어였다), 결국 유럽 대륙 이외에 비해 군사기술에 있어서 압도적인 비교우위를 갖게 되었다. 이를 바탕으로 해외식민지를 개척하여 전 세계 패권을 장악하게 되었다.

화약 혁명 시대를 경제적 측면에서 보면 가장 큰 특징은 전비가 그 이전의 철기 시대에 비해 기하급수적으로 증가했다는 것이다. 화약은 철기보다 훨씬 고가의 무기다. 화승총, 대포는 창, 칼, 화살에 비해 엄청난 재원을 필요로 한다. 또한 강력한 대포의 출현은 더욱 개량된 강력한 요새, 성곽을 출현시켰고, 이를 함락하기 위해서는 엄청난 군대와 장기전을 버틸 보급이 뒤따라야 했다. 결국 전쟁을 좌우하는 것은 결국 돈이었다.

프랑스의 루이 12세가 1499년 밀라노 침공을 위해 무엇이 필요한지 묻자, 그의 보좌관은 이렇게 잘라 대답했다. "첫째도 돈이요, 둘째도 돈이요, 셋째도 돈입니다." 이제 아무리 전략, 전술이 뛰어난 장수가 있다 하더라도 자금력이 없으면 대규모 전쟁은 불가능하였고, 이제 영주와 왕들은 부유한 상인과 은행가에게 돈을 빌려야 했다. 바야흐로 전쟁 자금을 얼마나 대출받느냐가 전쟁의 성패를 좌우하는 시대가 온 것이다. 따라서 전쟁 자체는 더욱 경제적 이익을 추구하게 되었다. 대출금을 갚으려면 투자한 곳에서 수익을 얻어야 하는 것은 당연한 논리였다. 전쟁은 더욱 더 비즈니스화되었다. 철기 시대에는 그래도 생존형 전쟁이었지만, 화약 혁명의 시대는 경제형 전쟁이 된 것이다.

산업혁명의 시대

근대에 들어서 산업 자본주의가 발전하자 전쟁은 더욱 필요하였다. 자본주의가 발달할수록 생산물의 유통, 자원과 시장의 확보를 둘러싼 국가간, 기업간의 경쟁은 더욱 치열해진다. 기업들이 내년도 매출 계획을 세울 때 올해만큼만 하자고 세우는 회사가 있는가? 기업가의 욕심은 끝이 없고, 기업에 투자한 주주들은 더 많은 배당을 요구한다. 경제가 발달할수록 시장을 확대하기 위해 전쟁은 불가피해지며, 전장도 대륙을 넘어 이윤이 걸린 곳이라면 남태평양의 외로운 섬도 전쟁터가 된다.

농업혁명 시대에 물을 가지고 싸우던 전쟁과 자원을 가지고 싸우는 전쟁이나 본질은 동일하다. 이윤추구의 극대화를 위해서. 영국에서 시작한 산업혁명이 프랑스, 독일, 러시아, 미국으로 전파되어 점점 더 많은 국가가 산업혁명의 대열에 합류하면 할수록 전쟁의 위험은 점점 더 증가한다. 산업혁명의 세계화는 전쟁의 세계화로 가는 길이다.

농업혁명의 결과인 잉여농산물, 산업혁명의 산물인 대량생산이 인간을 평화롭게 한 것이 아니라 인간을 더욱 호전적으로 만든 것이다. 국가가 생기고 상업혁명이 생기고, 산업혁명, 금융혁명이 일어나도 전쟁의 목적은 변하지 않았다. 상업혁명 시대에는 시장을 두고, 항로를 두고, 황금을 두고, 산업혁명 시대에는 식민지를 위해, 자원과 시장을 위해, 금융혁명 시대에는 기축통화의 가치를 지키기 위해, 금융가의 이익을 지키기 위해 단지 대의명분이라는 그럴듯한 포장으로 좀 더 세련되어지려고 노력한 것만 빼고는, 전쟁의 목적은 변치 않았다. 오히려 대량생산 체제의 산업혁명 덕분에 전쟁의 규모와 전장의 규모는 글로벌화되었다. 산업혁명이 일어나기 위해서는 증기기관, 방적기, 방직기의 발명도 중요했지만 타국에 비해, 타사에 비해 가격 경쟁력을 갖추기 위해서는 대규모 생산라인이 필요했고, 이를 위해 거대한 금융자본이 필요했고, 이러한 자본은 금융가의 주머니에서 나왔다. 산업혁명의 성공 여부는 거대 은행가의 확보에 달렸다.

네덜란드에서 글로벌화된 상업 자본주의가 최초로 발생한 원인은 유태인의 막강한 자본 덕이고, 유태인이 영국으로 건너가 영국 산업혁명에 필요한 자본을 대주었으며, 다시 미국으로 건너가서 미국 월가를 만들었다. 이제 전쟁은 거대 금융가들이 은행을 통해 산업을 지배하면서 금융가들의 이해관계에 따라 움직였다. 산업화가 될수록 금융이 필요하고, 산업화가 될수록 한정된 시장을 둘러싼 경쟁은 더욱 치열해지며, 이러한 산업을 실질적으로 뒤에서 지배하는 금융가들이야말로 진정한 전쟁의 이해당사자들인 것이다. 국가는 단지 '얼굴 마담'의 역할을 할 뿐이다.

세계 정부 시대

국가가 전비를 은행가에게 의지한 이후로 전쟁은 이제 더욱 비즈니스의 영역이 되었다. 그전에는 그래도 정치가, 군인들의 입장도 반영되었지만, 이제 국가가 은행가로부터 돈을 빌려 전쟁을 치러야 하는 시기가 오면서 전쟁은 금융가의 체스판이 되었다. 전쟁이 경제의 연장이 아니라, 이제는 전쟁 자체가 수익을 창출하는 단계가 된 것이다.

잉여농산물을 지키기 위해 전쟁을 하는 원시단계에서 수익을 창출하기 위해 전쟁을 하는 선진단계(?)가 되었다. 전쟁은 은행가에게 많은 수익을 안겨 준다. 돈을 빌려주어 이자를 받고, 군수물자를 공급하여 막대한 수익을 챙긴다. 전쟁에는 신속한 동원과 보급을 위해 철도가 필요하니 철도도 독점하여 이익을 챙긴다. 이제 전쟁은 금융가에게 황금알을 낳는 거위이다.

국가는 전비조달을 위해 고리의 사채를 사용하고 지불 능력이 없으면 모든 것을 저당 잡혀야 한다. 자원은 물론 미래의 세금징수권과 국가의 고유 권한인 화폐발행권까지. 금융가에 의한 전쟁은 전쟁을 인위적으로 만드는 지경에까지 만들었다. 전쟁은 곧 전비가 좌우하고, 전비는 금융가의 대출로 이루어지니, 역으로 전쟁이 일어난다면 금융가에게는 고리대출의 기회가 생기는 것이다. 빌린 돈을 제때에 못 갚으면, 국가는 금융가의 요구에 끌려 다닌다. 한 국가의 운명이 이제는 금융가의 손에 달린 것이다. 그나마 전쟁에 승리하면 전쟁배상금으로 받은 돈, 할양받은 영토로 갚는다지만 전쟁에 패한 국가는 파산에 이른다. 이러면 정권은 바뀌고, 새로운 정권은 물론 뒤에서 금융가가 간택한다.

이제는 전 세계가 하나의 금융 네트워크에 묶이고, 자본의 이동이 자유로운 시대다. 이는 곧 금융이 전 세계를 지배할 수도 있다는 이야기다. 소수 금융가는 국가의 대통령을 인위적으로 만들고, 각료들을 배출시킬 비밀기구(빌더버그, 삼각위원회, 미국외교협회)까지 만든다. 대통령과 각료 모두 금융가가 키우고 이러한 금융인들은 정기적으로 모여 세계 정부를 만든다. 이들 회원은 국가에게 충성하기보다 자신이 속한 비밀조직의 지시를 따른다. 세계 정부는 자신들의 이해관계에 따라 전쟁 스케줄을 만든다. 전쟁의 명분은 만들면 되고, 매스컴은 언제나 조작 가능하다. 국가 간의 비즈니스가 아닌 금융가의 이해관계에 따라서 전쟁은 인위적으로도 만들어질 수도 있다. 제3자의 경제적 이해관계를 위해 전쟁 당사자가 자신도 모르게 전쟁의 제물이 될 수도 있다.

이제 전쟁은 나만 착하게 산다고 다짐해도 소용없고, 우리나라는 평화애호 민족이므로 전쟁을 혐오한다 해도 피할 수 없다. 언제든 불시에 세계 정부에 의해 자국이 금융전쟁의 대리인으로 지목될지 모른다. 전쟁은 언제, 어떤 명분으로 일어날지 모르며, 약소국은 체스판의 졸(卒)임을 명심해야 한다. 키신저의 말처럼 약소국의 운명은 강대국에 의해 좌우된다.

전쟁이 경제논리에 의해 움직이지 않을 수도 있다. 바로 정치논리에 의한 전쟁이다. 뚜렷한 경제적 이익도 없는 전쟁의 시작은 정부에, 국민에, 다음 세대에 심각한 부담을 주고, 계속 족쇄가 될 것이다. 설사 전쟁에 승리하여 적의 영토를 일시 점령했다 하여도, 이의 유지를 위해서 끊임없이 밑 빠진 독에 물 붓듯 전비가 들어가지만, 거기서 얻는 경제적 효과가 이를 상쇄할 만큼이 아니라면 결국 아무 성과 없이 손 털고 나와야 할 것이다. 이런 차원에서 영국이 청나라를 상대로 일으킨 아편전쟁은 전형적인 비즈니스 전쟁이며, 전쟁의 경제적 효과에 합치된 전쟁이다. 국가 재정에 심각한 부담을 줄 만큼의 전면전도 아니면서 청으로부터 이전부터 외교적으로 얻고자 노력했지만 번번이 거절당했던 달콤한 열매(개항, 내륙까지의 상업 활동의 보장, 비관세, 치외법권 등등)에 배상비까지 두둑이 챙겼고, 전쟁도 신속하게 마무리하여 타국의 간섭도 받지 않고 깔끔하게 끝냈으니 전쟁사에서 가장 모범적인 전쟁 모델이라 할 수 있다. 전쟁의 도덕성만 떠난다면 가장 완벽한 전쟁 모델이다.

  시간의 경과로 인해 저절로 전쟁의 경제화가 이루어진 것은 아니다. 자본주의가 고도로 발전할수록 전쟁은 더욱 빈번해지며 전쟁은 더 경제주의화된다. 공산주의 맹주였던 소련보다 자본주의 맹주인 영국, 미국이 더 많은 전쟁을 치루는 이유도 바로 자본주의의 발전에 따른 필연적인 결과이다. 자본주의는 이윤을 추구하고 이 과정에서 경쟁은 피할 수 없다. 담합이 안 되면 저가 정책으로 상대를 고사시키듯이, 외교로 안 되면(말로 안 되면), 전쟁이(주먹이) 날라 간다. 전쟁이 정치의 영역, 종교의 영역, 왕실의 정치적 권모술수의 수단에서 경제의 영역, 자본가의 영역, 금융가의 영역으로 바뀐 것은 자본주의 발달과정의 부산물이다.

이제 전쟁의 정의를 새롭게 수정해야 할 때이다.

'전쟁은 정치의 연장이다'에서 '전쟁은 경제의 연장이다'로.

Ⅱ. 전략론

1. 전략의 정의

 전쟁은 지하자원을 활용하여 이를 무기화하고, 인적자원을 교육시켜 군인화한 다음, 이 두 가지를 적절히 활용하여 전쟁 목표 달성을 추구한다. 따라서 각자에게 주어진 한정된 자원을 어떻게 활용하느냐가 전략의 가장 중요한 문제이다.
 전략은 한정된 자원을 효율적으로 할당하여, 최소의 비용으로 최대의 효과를 얻어 목표를 보다 손쉽게 달성하는 것이다. 즉, 목표를 효율적으로 달성하기 위해 자원 배분의 우선순위를 결정하는 것이 전략이다.
 예를 들어, 중상주의 국가인 섬나라 영국은 육군에 대한 투자는 최소한으로 줄이고 해군력에 집중 투자하였다. 영국은 유럽의 지배욕이나 세계 영토 정복 그 자체보다 식민지와의 무역을 중심으로 한 국부 증대가 국가 목표였기에 육군은 식민지의 치안유지 정도면 충분했고, 대신 전 세계 바다를 지배하기 위한 해군력의 압도적 우위가 영국의 세계 지배권과 국부 증대을 유지하는데 더욱 효율적인 자원 투자라고 생각했다. 세계 제 2위, 3위의 해군력을 가진 국가의 해군력을 합한 것보다 더 강력한 해군력 건설이 목표였다.

유럽의 어떤 패권국이 유럽의 지배자가 되면 반드시 해군력을 증강하여 영국의 제해권을 위협하고 영국 국부의 원천인 식민지 경영을 넘볼 것은 자명했기에 유럽의 잠재적 패권국은 이이제이(以夷制夷)에 의해 끊임없이 견제하여 해군력에 집중 투자할 여력을 갖지 못하도록 하였다. 이것이 전통적인 영국의 국가전략이었다.

영국은 한정된 자원 하에서 해군도 불안한 1위, 육군도 불안한 1위가 아니라 육군은 최소한의 직업군인으로 유지하고 국방비의 대부분을 해군력에 투자하여 제해권만은 세계 최강을 유지했다. 이를 바탕으로 200년 가까이 해가 지지 않는 대제국을 건설했다. 만약 영국이 어정쩡한 해군 국가, 어정쩡한 육군 국가를 추구했다면 스페인의 무적함대, 나폴레옹의 프랑스 함대를 격파하지 못했을 것이다.

스페인은 아메리카 식민지에서 유입되는 막대한 양의 금, 은을 해군력 뿐만 아니라 유럽 각국의 내정 간섭을 위해 육군에도 함께 분산 투자했다. 하지만 스페인과의 전체 국력에서의 열세인 영국은 육군의 직접 개입을 초래하는 대외정책은 억제하고 오직 해군력에만 집중 투자하여 해군과 육군에 분산 투자로 만성적 재정적자에 시달리는 스페인을 쓰러뜨리고 세계 제해권을 손에 넣었다. 영국은 작은 영토, 적은 인구, 한정된 지하자원의 핸디캡에도 불구하고 우수한 전략을 일관되게 추구했기에 세계를 지배한 것이다.

전체 자원의 절대량에서 열세라 하더라도 이를 효율적으로 사용하는 군대가 절대량에서 우세이지만, 이를 비효율적으로 사용하는 군대를 상대로 승리한 예는 수없이 많으며, 대부분의 명장들은 그러한 조건 하에서 승리를 이루었다. 여기서 자원이라 함은 공장에서 생산된 무기뿐만 아니라 인적자원도 포함된다. 전략은 최고 지휘관뿐만 아니라 모든 제대의 지휘관에게 관계된다. 일례로 대대장은 목표를 효율적으로 달성하기 위해 자신이 가진 자원(대대원과 보유 화기, 보급품)에 우선순위를 정해야 하는데 이것이 바로 전략이다. 한정된 자원을 어떻게, 어디에 효율적으로 할당하여 목표를 최소의 비용으로 완수하느냐가 결국 마스터플랜이며, 이것이 전략이다. 규모에 관계없이 각자 자신이 처한 위치에서 자신이 동원할 수 있는 자원을 효율적으로 활용하는 방법을 연구해야 한다.

전략이 결정되면 그것의 구체적인 실행, 무기 운용이 필요한데 이것은 전술의 분야이다. 즉, 총체적인 자원할당이 전략이라면 전술은 이 자원(무기, 병력, 보급)의 구체적인 적용을 의미한다. 몇 가지 성공한 전략과 실패한 전략을 공부하면서 이에 대한 이해를 돕겠다.

2. 역사 속의 전략

(1) 2차 세계대전 독일의 패전 원인

흔히들 독일은 자원의 부족으로 인하여 패했다고 피상적으로 결론내리지만 적어도 1942년까지는 독일이 오히려 자원에 우위에 있었다. 물론 미국의 대소련 무기 대여공급이 소련에 큰 도움을 준 것은 사실이나, 이것 역시 대다수가 1943년과 1944년에 공급되어 1941년, 1942년까지 소련은 자체적으로 해결해야 했다.

다음 표를 검토해보면 우리의 선입관을 깨는 놀라운 통계가 있다(스탈린과 히틀러의 전쟁).

A : 군수품 산출량						
		1941년	1942년	1943년	1944년	1945년
항공기	소련	15,735	25,436	34,900	40,300	20,900
	독일	11,776	15,409	28,807	39,807	7,540
탱크*	소련	6,590	24,446	24,089	28,963	15,400
	독일	5,200	9,300	19,800	27,300	–
포	소련**	42,300	127,000	130,000	122,400	62,000
	(76mm 이상)		49,100	48,400	56,100	28,600
	독일**	7,000	12,000	27,000	41,000	–

* 소련의 수치에는 자주포가 포함되어 있다. 독일의 수치에는 1943년과 1944년의 자주포가 포함되어 있다.
** 소련의 각종 구경의 포(별개의 수치는 구경이 76mm 이상 되는 포). 독일의 수치는 구경이 37mm 이상 되는 포

B : 중공업

		1941년	1942년	1943년	1944년	1945년
석탄	소련	151.4	75.5	93.1	121.5	149.3
(백만 톤)	독일	315.5	317.9	340.4	347.6	–
철강	소련	17.9	8.1	8.5	10.9	12.3
(백만 톤)	독일	28.2	28.7	30.6	25.8	–
알루미늄	소련	–	51.7	62.3	82.7	86.3
(천 톤)	독일	233.6	264.0	250.0	245.3	–
석유	소련	33.0	22.0	18.0	18.2	19.4
(백만 톤)	독일*	5.7	6.6	7.6	5.5	1.3

* 합성유 생산과 천연 원유 생산 및 수입

　1941년, 1942년은 독일이 소련 영토의 대부분과 서유럽 전부를 차지한 시기이며, 반대로 소련은 남부 러시아 우크라이나의 풍부한 지하자원, 농산물, 철도를 독일에게 뺏긴 시기로 석탄, 철광석, 알루미늄, 구리, 망간 등과 같은 무기에 필요한 자원을 모두 잃었음에도 불구하고 비행기, 탱크의 생산량은 오히려 독일보다 훨씬 앞서 있었다. 반대로 독일은 자원의 보고인 우크라이나를 모두 잃은 1944년에 이르러서야 군수물자의 생산이 최고조에 달했다. 넓은 영토, 많은 자원의 확보가 곧 높은 생산량으로 이어진다는 믿음이 편견임을 보여주는 통계이다. 그럼 이러한 모순된 통계의 원인을 살펴보면 독일이 2차 대전 내내 얼마나 자원을 비효율적으로 운용했는지 알 수 있으며, 독일의 전략이 얼마나 비효율적인지 알 수 있다.

전시경제체제로의 때 늦은 전환

소련은 전쟁과 함께 즉시 전시경제체제로 들어서서 민간부문의 생산을 완전 제로로 만든 반면, 독일은 1944년에야 총력전 체제로 들어서 민간생산을 통제하고 군수생산에만 자원을 집중하였다. 그럼 독일은 왜 진작 독소전(獨蘇戰, 1941~1945)과 동시에 총력전 체제로 돌입하지 않고 1944년이 되어서야 총력전 체제로 돌입했을까?

그 이유는 1941년 소련침공 첫해만 해도 독일군의 승리는 거의 기정사실이었고, 1942년 겨울까지도 주도권을 확보하고 있었으므로 그럴 필요성을 못 느낀 면도 있지만, 더 중요한 사실은 역시 정치적인 이유이다. 히틀러는 냉혹한 독재자이면서도 이상하게 자신들의 옛 나치 동지에게는 설사 그들이 잘못을 해도 싫은 말 한번 제대로 못했다는 것이다. 마찬가지로 독일 국민에게도 철저한 희생을 요구하는 총력전 체제를 선뜻 요구하지 못했다. 총력전 체제가 시작되면 민간부문의 생산은 희생되어 삶의 질의 저하는 물론이고 여성조차 공장에서 군수품 생산을 하여야 하며, 온 국민이 배급제 하에서 철저한 내핍생활을 하여야 하는데, 독일군이 계속 승리하고 있다는 환상을 심어준 마당에 갑자기 총전력의 선포는 자신의 패배를 인정하는 것과 같았고, 국민적 인기에 민감한 독재자에게는 큰 부담이었다. 역사적으로 독재자가 오히려 국민적 인기, 민심에 더 신경 쓰는 법이다. 히틀러는 사적인 대화 도중 1918년 11월 독일혁명(주 : 사회주의 혁명으로 빌헤름 황제는 퇴위하고 독일제국은 무너짐)을 경험했기에 모든 일에 너무도 조심스러워졌다고 고백했다.

독일은 총력전 체제로 독일 국내의 노동력을 강제적으로 이용하는 대신 정치적 부담이 적은 점령지의 주민을 강제로 이주시켜 이용하려고 했으나, 이는 많은 문제점으로 비효율적이었다. 예를 들면 점령지 행정의 비효율성과 점령지 주민들의 저항(독일로 끌려가 노예 노동자로 사느니 게릴라 대원을 선택), 그리고 통역의 문제 등으로 차라리 미국, 영국, 소련처럼 독일 여성을 적극적으로 이용하는 것이 더 효율적이었다. 1943년까지 영국에서는 가정부의 수를 3분의 2로 줄였지만, 독일에서는 전쟁이 끝날 때까지 이런 일은 일어나지 않았다. 약 140만 명의 여성들이 여전히 집안일을 위해 고용되었고, 게다가 50만 명의 우크라이나 처녀들이 당원들의 집에 하녀로 들어갔다. 오히려 제1차 세계대전 당시 독일이 여성의 노동력을 초기부터 적극적으로 이용한 것과는 대조적이었다. 이는 독일 공장의 퇴근 사진을 보면 금방 이해가 된다. 철강의 할당도 제1차 세계대전 중에는 독일 전시경제가 총 생산의 46.5%를 가져갔으나, 1942년에는 불과 37.5%밖에 안 되었다. 1942년 초 소비재 생산은 평화시보다 3%밖에 감소하지 않았다. 군수품 생산으로의 집중을 위해 소비재의 감축은 나치당으로 보아서는 인기 없는 정책이었다. 이렇게 독일은 정치적인 논리 때문에 총력전 체제를 연합국보다 매우 늦은 1944년 시작함으로써 군수생산 능력의 부족에 시달렸다. 만약 좀 더 일찍 1942년에 총력전 체제로 돌입하여 모든 인적, 물적 자원을 군수생산에 올인했다면 독일의 군수생산 능력은 조기에 최고치에 도달하여 물량전에서 뒤지는 일은 없었을 것이다.

이에 반해 진주만 기습 3개월 후인 1942년 2월, 미국 전시생산국은 미국 내 자동차 업계에 민수용 자동차 생산은 전면 중단하고 오직 군수용 차량만 생산하도록 명령했다. 이는 모든 자원을 군수용에만 투입하겠다는 의미이다. 당시 2,700만의 오너드라이버에게 이러한 정책은 거의 재앙이었다. 후진 기아 부속이 없어 후진시에는 사람이 밀어야 했고, 부품이 없어 쓰레기터를 뒤져야 했다. 타이어가 없어 나무로 만든 타이어를 트럭에 이용하기도 하였다. 특히, 고무는 타이어의 재료일 뿐만 아니라 탱크에 1톤, B-17폭격기에 0.5톤, 구축함에 50톤이 필요한 전략물자였다. 하지만 주 수입국인 동남아시아를 일본이 점령한 시기였으므로 루스벨트 대통령이 직접 나서서 중고 타이어, 중고 고무신, 중고 호스, 수영모자, 고무장화까지 공출하도록 호소했다. 토스터, 냉장고, 세탁기, 다리미 같은 가전제품도 상점의 쇼윈도에서 사라졌다.

생필품도 배급제가 시행되어 가솔린부터 시작하여 소고기(1주일에 800g), 버터(1년 평균 5.44kg), 커피(5주간 453g, 하루에 한 잔도 안 되는 소량), 설탕(1주

왼쪽은 전시에 여성고용 촉진을 위해 사용된 선전 포스터로, 전후 페미니즘의 상징이 되었다. 2차 세계대전 당시 수백만 명의 여성들이 기계와 공구, 중장비를 다루었다. 포스터의 여성은 흔히 '리벳공 로지(Rosie the Riveter)'라 불리는데, 이것은 당시 유행하던 노래의 제목이기도 하다. 왼쪽 사진은 포스터의 모델이 되었던 로즈 먼로로, 항공기 제조공장에서 일하던 노동자였다.

  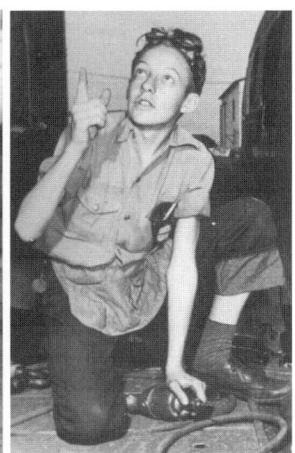

1942년 겨울, 강추위에 떠는 보스턴 시민들이 난방용 등유를 배급받기 위해 배급차 주위에 몰려 있다. 경찰관은 옆에서 공정한 배급이 되도록 감시한다.

1942년, 민수 타이어 부족으로 헌 구두 밑창을 타이어에 붙여 사용하는 모습

항공기 공장에서 수송기 동체를 만드는 17세 소년, 1943년 미국에는 50만 명의 10대들이 군수공장에서 성인노동자와 동일한 임금을 받으며 일하고 있었다.

일 평균 226~340g), 수프, 채소, 깡통주스, 밀크제품, 생선류를 배급표에 의해 구매할 수 있었다. 심지어 소고기 대신에 배급제에서 제외된 말고기를 먹어야 했다. 주택난은 더욱 심각하여 판잣집을 얻어도 그나마 다행이었다. 난방용 등유도 배급제로 인해 1942년에서 1943년으로 넘어가는 유달리 추운 겨울, 실내 온도를 18도로 유지하고 근근이 살아야 했다. 주류, 세탁비누, 휴지, 면 기저귀, 클립 같은 생필품도 구할 수 없었다. 집 앞의 조그만 땅도 일구어 부족한 허기를 채워야 했다.

여성들도 산업현장에서 남자들의 빈자리를 채웠다. 1943년 미국 노동자의 3분의 1이 여성이었다. 여성들은 쓰레기 트럭기사, 벌목공, 용접공, 선반공, 폭탄의 화약 장전과 같은 3D업종에 종사했다. 미국은 이렇게 개

II 전략론 **39**

전과 함께 총력전 체제로 들어가 모든 자원을 군수생산에만 할당했다. 이것이 미국이 소련, 영국에게 어마어마한 양의 무기 대여를 해주고, 자신들도 태평양과 유럽에서 일본, 독일과 전쟁을 치른 원동력이다. 단지 미국이 영토가 크고 자원이 풍부하고, 인구가 많고, 컨베이어 벨트 시스템으로 생산이 효율적이기에 저절로 대량생산이 이루어진 것이 아니다. 미국의 어마어마한 무기 생산은 결국 민간 경제의 희생과 미국민의 인내와 희생 위에서 이루어진 것이다.

낮은 생산성

독일은 총력전 체제도 연합국에 비해 늦게 시작한데다, 기존의 평시 군수 생산마저도 지극히 비효율적이었다. 나치 독일의 군수장관인 슈페어의 자서전에 의하면 2차 대전 당시의 군수 생산 능력은 1차 대전 당시의 생산 능력보다 오히려 뒤졌다. 그의 자서전(《기억, 제3제국의 중심에서》)을 인용하면,

"기술과 산업의 발달과 1940~1941년의 군사적인 성공에도 불구하고, 우리의 생산량은 제1차 세계대전 때의 군수 생산 수준에는 미치지 못했다. 소련과의 전쟁 개시 첫 1년 동안, 생산량은 1918년의 25%에 불과했다. 3년 뒤인 1944년 봄, 우리의 생산이 절정에 다다르고 있을 때도 독일과 오스트리아, 체코의 총 생산을 고려해 보면 전체 군수품 생산 수준은 제1차 세계대전 때보다 훨씬 뒤처져 있었다.

부진의 원인으로는 나는 언제나 지나친 관료주의화를 지적했다. 한 예로 무기청의 인원은 제1차 세계대전 때의 10배로 불어나 있었다. 행정 절차의 간소화에 대한 외침은 1942년부터 1944년 말까지 나의 연설과 편지를 통해 넘쳐났다. (중략) 미국과 러시아는 조직적으로 단순한 방식으로 일을 처리해 훌륭한 결과를 얻고 있지만, 반면 독일은 조직의 노후된 형식 때문에 많은 지장이 초래되고 있으며 … (중략) … '비대한 조직의 우리와 극도의 순발력을 갖춘 적의 전투'라고 나는 말했다. 만일 우리가 새로이 체질을 개선하지 못한다면 분명 구식의, 전통에 얽매인 노화된 시스템이 싸움에서 패배하는 것은 자명한 이치라고 강조했다."

유럽과 우크라이나를 지배한 독일은 많은 자원을 가지고도 서류 작업 중심의 관료주의에 빠져 너무 경직되었다. 전화 한 통화면 해결될 일도 공문서 양식에 맞추어 수많은 결재 단계를 거쳐서 사인을 받은 후 상대측에 전달된다. 무슨 문제점이 있어도 아래로부터의 비판은 허용되지 않았고, 공장장들은 나치당의 해당지역 관구장의 눈치를 보느라 소신껏 일할 수 없었다.

1차 대전시에는 업체 분담론의 원칙에 의해 하나의 공장은 하나의 품목 생산에 주력하고, 대신 최대한 많은 수량을 생산하도록 되어 있었다. 하지만 2차 대전시에는 하나의 공장에서 너무 많은 무기를 동시다발적으로 만들다 보니 생산성은 당연히 떨어졌다. 슈페어는 1942년 2월 군수장관에 취임한 이후에 생산성 향상을 위해 부처간 이기주의, 완고한 관료주의와 나치당 지도자의 간섭과 싸워야 했다.

  생산방식에 있어서도 소련은 생산방식을 단순화하는 방법(예를 들면 모듈화)과 부품의 표준화, 소품종 대량생산과 전차에 생산을 집중한 반면(장갑차 생산은 거의 없었음), 독일군은 업체별로 각자 개별적으로 생산하여 표준화가 안 되었고, 너무나 많은 종류의 차량, 무기를 생산하다 보니 부품 수는 많아지고 생산성은 떨어졌다. 이는 전방의 기계화 부대에게 엄청난 보급과 정비의 부담을 주었다. 표준화가 안 되다 보니 전선에 보내야 할 부품의 종류와 양은 많아지고, 전선에서도 서로 호환이 안 되니 정비에 큰 부담을 주어 전차의 실제 운용률은 절반에 불과하였다.

  노동자들의 생산성도 1944년 미국의 노동자들은 독일 노동자보다 생산성이 55% 더 높았다. 독일이 자원의 부족으로 인한 무기 생산량의 열세로 연합국에 패했다는 것은 잘못된 선입관이다. 우리는 지금까지 미국이 전차 몇 대를 만드는 동안 독일은 몇 대밖에 못 만들었다는 식의 1차원적인 통계 분석으로 전쟁의 승패를 성급하게, 수박 겉핥기 식으로 결론지어 버리고 독일 패배의 원인을 호도했다. 독일의 군수생산 능력 지수는 1941년 98에서 1944년 7월 322로 높아졌고, 같은 기간 노동력의 증가는 겨우 30%에 지나지 않았다. 1944년 7월이면 연합국의 공습으로 고통 받고 소련 영토의 대부분을 잃은 시기이다.

  독일은 자원이 부족한 게 아니라 많은 자원을 비효율적으로 방만하게, 경직되게 관리했기에 낮은 생산성으로 무기 생산량이 뒤처진 것이다. 즉, 무기 생산량의 도표는 곧 그 나라의 자원 동원력을 알려 준다는 해석보다도 그 나라의 생산성 지표라는 것에 더 무게를 두어야 한다는 것을 독일의 예에서 알 수 있다. 이제 독일이 자원이 부족해서, 무기의 생산 열세 때문에 전쟁에서 패했다는 피상적인 선입견은 버려야 하며, 전쟁에서 생산 효율이 자원의 보유 양보다 더 중요한 요소임을 기억해야 한다.

너무 많은 신무기와 분산 투자

독일 군수산업의 비효율성의 또 하나의 원인은 신무기 개발의 지나친 방만함과 분산 투자에 있었다. 소련은 전쟁 내내 이렇다 할 신무기가 없었다. 오히려 기존 무기의 생산성을 높이는데 주력하여 많은 영토를 빼앗긴 시기에도 생산량은 오히려 독일을 능가했다. 반면 독일은 전쟁 내내 끊임없는 신무기 개발에 어마어마한 자원을 할당했다. 제트기, 탄도 미사일, 로켓, 열 추적 미사일, 음향에 반응해 군함을 명중시키는 어뢰, 지대공 미사일 등 현대전에서 상용화된 무기들이 사실은 독일이 2차 대전에 개발한 신무기가 그 원조이다. 이렇게 당시로서는 혁신적이고 일면 황당해 보이는 무기들이 너무 많이 추진되었지만, 개발과 이의 양산, 실용화는 별개의 문제이다. 독일의 군수장관 슈페어는 그의 자서전에서 독일의 신무기 개발이 너무 방만하게 진행되고 있음을 인정했다.

"우리는 글자 그대로 지나친 개발 프로젝트에 시달리고 있었다. 우리가 몇 개의 항목에만 집중했다면 훨씬 빨리 무기를 완성할 수 있었을 것이다. 급기야 무기 개발을 담당하고 있는 여러 부서들이 위원회를 열어 앞으로는 새로운 아이디어를 지나치게 좇지 않고 지금까지의 아이디어 가운데서 선택해 개발하고, 집중적으로 추진하기로 결정을 내리기도 했다."

이렇게 많은 신무기 개발이 추진된 데에는 정치적인 논리가 숨겨져 있다. 전세가 불리한 상황에서 국민들에게 승리에 대한 희망을 불어넣기 위해서는 기존의 상상을 뛰어넘는 획기적인 신무기가 필요했다. 이러한 신무기 개발에 엄청난 예산과 기술자, 과학자, 자원이 할당되었음은 물론이다. 정작 전선에서 병사들이 필요한 무기보다는 국민들을 현혹시키고 실상을 호도할 선전용 무기가 추진된 것이다. 이는 결과적으로 자원의 비효율적인 할당으로 이어졌다.

히틀러는 연합국의 무기에 대응하는 신무기 개발을 계속 주문했다. 그것도 총신의 길이 같은 세부적인 사항까지 일일이 자신이 결정했다. 이리하여 신규 프로젝트와 기존 프로젝트가 뒤섞여 조달은 난맥상을 이루었다. line-up이 지나치게 많아지면 부품 공급과 수리에 막대한 부담을 주고, 유지비는 올라가고, 반대로 운용률은 떨어진다. 이에 대한 슈페어의 걱정은 그의 회고록에 절절히 묻어있다.

히틀러 최악의 실책은 부품 공급의 중요성을 전혀 이해하지 못했다는 점이다. 탱크 담당 감찰관 구데리안 장군은 부품이 충분해 전차를 즉시 수리할 수만 있다면, 적은 비용으로도 새로운 무기 개발을 능가하는 효과를 얻을 수 있다고 지적하곤 했다. 그러나 히틀러는 신무기 생산의 중요성만을 역설했다. 수리를 위한 부품을 적절히 조달하기 위해서는 신무기의 생산을 20% 정도 줄여야 했다.

정치논리에 의한 신무기 사용의 왜곡

독일이 최초로 개발한 Me-262 쌍발 제트기, '폭포'라는 암호명으로 1942년 개발이 끝난 지대공 로켓, V2라 불린 탄도 미사일. 이 세 가지가 얼마나 비효율적으로 사용되었는지 알면 정치논리가 또 얼마나 자원의 효율적인 사용과 분배에 큰 해악을 미치는지 알 수 있다.

우선 시속 800km의 제트기는 그 엄청난 속도와 높은 고도비행을 이용하여 당연히 전투기로 사용, 움직임이 둔한 연합군 폭격기를 공격하여 연합국의 폭격으로부터 독일을 보호해야 했다. 하지만 어이없게도 히틀러는 이 제트기를 폭격기로 개조하라고 우겼다. 고작 450kg 정도의 폭탄에 원시적인 조준 기능만을 갖춘 작은 폭격기로서의 성능은 우스꽝스러울 정도로 형편없었다. 이를 위해 전투기에 탑재된 모든 무기를 제거하라고 명령했다. 본연의 목적에 맞게 전투기로서 사용하면 한 대만으로도 미국의 4발 엔진 폭격기 여러 대를 격추시킬 수 있는 놀라운 성능을 발휘한 전투기를 제 역할을 전혀 못하는 폭격기로 사용했으니 이보다 더한 자원의 낭비가 어디 있을까? 이는 공군 전문가들의 의견을 완전히 무시한 정치가의 정치논리적인 발상이다.

히틀러로서는 영국에 대한 보복 폭격이 선전의 효과로 볼 때 더 그럴싸해 보였던 것이다. 전세가 절망적인 상황에서 공군은 물론이고 육군의 장성들조차도 이 제트기를 전투기로 이용하여 연합국의 폭격에 맞서야 한다고 일관되게 주장했지만, 히틀러는 1944년 가을, 더 이상의 논의를 중단시켰다. 독일군은 훌륭한 신무기로 연합국 폭격기를 전멸시킬 기회를 정치논리의 화신 히틀러에 의해 저지당한 것이다. 또 하나의 어이없는 실수는 열 추적 지대공 미사일의 이용 실패이다. 이 7.6미터의 지대공 미사일은 약 300kg의 폭탄을 장착할 수 있었고, 고도 15km까지 비행이 가능했으며, 적의 폭격기를 날씨의 조건에 상관없이 정확히 명중시켰다. 하지만 히틀러는 장거리 로켓 제작에 최우선 순위를 두라고 명령했다. 1944년 가을 실전에 투입된 이 장거리 미사일은 완전한 실패작으로 끝났다. 투입된 엄청난 비용대비 효과는 제한적이었다. 최대 규모의 비용이 투입된 프로젝트가 가장 큰 실패로 끝난 것이다. 훗날 미 전략폭격조사단은 이런 무기들에 쏟아 부은 자원으로 2만 4,000대의 전투기를

ME 262 제트기. 대량화되지 못한 것이 문제가 아니라, 전투기가 아닌 폭격기로 잘못 사용된 게 문제였다.

V2 탄도미사일. 투입된 어마어마한 자원대비 실질적 효과는 별로 없다.

전투기 요격용 지대공 미사일. V2에 밀려 제대로 양산화되지 못했다.

생산할 수 있었을 것이라고 추정했다.

  만약 선전효과만 요란했지 별 실용성은 없는 장거리 로켓 대신, 작고 저렴한 지대공 미사일과 제트 전투기의 생산에 집중하였다면 1944년 봄 이후 연합군의 공습을 물리칠 수 있었을 것이라고 슈페어는 안타까워했다. 독일은 엄청난 자원을 투자하여 개발한 신무기조차 정치논리에 의해 합리적으로 사용되지 못하고, 결국 엄청난 자원만 낭비하고 말았다. 결론적으로 독일은 훌륭한 인적자원, 방대한 자원을 가지고(1942년까지 전 유럽을 지배) 초기 전투에 승리하고도 전쟁에 진 이유는 히틀러의 독선과 정치논리로 귀중하고 엄청난 자원을 쓸모없이 낭비하는 정책을 반복한 데 있다.

(2) 2차 대전 당시의 영국, 프랑스

　2차 대전 당시의 독일은 프랑스 침공시 연합국(영국, 프랑스)에 비해 자원, 인구, 전차 수, 보병사단 수, 공군 전투기 수에서 모두 수적 열세였다. 그러나 단 보름만에 연합군의 덩케르트 철수로 전쟁의 승패는 독일군의 승리로 굳어졌다. 그 원인은 혁신적인 독일 기계화부대의 편제와 전술에 있다. 연합국(영국, 프랑스)이 전차를 주로 보병사단에 배치하여, 보병의 근접지원에 사용한데 반하여 독일군은 모든 전차를 기갑사단에 배치하여 독립적으로 운용함으로써 고속 기동전을 가능케 하였다.
　하지만 이런 전술적인 문제 외에 자원의 분배라는 전략적인 관점에서 독일군은 자원을 집중할 줄 알았다. 연합국(프랑스, 영국)이 모든 사단을 보병사단으로 어떤 특색도 없이 무미건조하게, 균일하게 무장을 시킨데 반해, 독일군은 모든 자원을 기갑사단에 우선적으로 할당한 것이다. 전차, 장갑차도 기갑사단에만, 방공포 대대도 기갑사단에만, 급강하 폭격기의 지상지원도 오로지 최전방의 기갑부대에만 할당하였다. 이리하여 전체적인 무장, 숫자는 열세이나 기갑사단만은 연합국의 보병사단을 훨씬 압도하고도 남았다. 더구나 연합국은 이러한 보병사단을 선방어로 전 전선에 걸쳐 균등하게 분배한데 반해, 독일 기갑사단은 이를 돌파 지점에 집중운용하였다.
　만약 연합국도 모든 전차를 보병사단에 균등하게 배치하지 말고, 드골의 주장처럼 처음부터 독일군과 같이 기갑사단에 집중 배치하고, 이 기갑사단으로 전선 뒤에서 기동방어를 취했더라면 독일군은 설사 아르넨느 산림지대를 돌파하였더라도 연합국 기갑사단의 기동방어에 막혀 돌파구 확대가 돈좌(頓挫)되었을 것이다.

연합국은 전투기도 전체 수량에서 우월했음에도 전투기를 차후 전쟁의 장기화에 대비하여 이를 후방에 감추어 놓았다. 현재 가용한 모든 전투기를 집중운용해도 모자란 판에 할일 없이 놀려버렸으니 이러한 자원의 낭비가 어디 있는가? 결국 연합군은 전차의 운용에 실패한 것도 있지만 자원을 비효율적으로 할당(무조건 균일화, 유휴화)하여, 자원을 기갑사단에 집중시키고 이를 공격의 선봉에만 운용한 독일군에 패한 것이다. 반대로 독일군은 전체 자원은 열세였으나, 이를 집중운용하여 자원의 효율적인 배분으로 난공불락의 마지노선을 뚫고 당시 세계 최강이라는 영국, 프랑스 연합군을 단 한 달만에 붕괴시켰다.

(3) 박정희 대통령의 선택

미국이 한국에 베트남에 추가 파병을 요구하자 우리 정부의 추가 파병의 반대급부로 1억 달러라는 무상 군사 원조를 제안받고 이의 사용처를 고민해야 했다. 각 군 모두 자신들에게 더 많은 예산을 할당받기 위한 많은 사업과 논리를 제시했으나, 박정희 대통령은 이스라엘, 일본도 아직 배치하지 못한 최신의 전폭기 F-4D의 구매에 예산을 우선적으로 할당하였다. 당시 북한의 청와대 기습 사건, 울진·삼척 무장공비 침투 배경에는 북한의 남한 군사력에 대한 자신감과 미국이 베트남전에 발이 묶여 있는 상황에서 제2전선을 형성하지 못하리라는 판단이 작용하였을 것이다. 이러한 상황에서 박 대통령은 어떤 무기가 가장 북한에게 부담이 될까 고민했을 것이다. 육군은 전차를 요청했을 테고, 해군은 좀 더 큰 함정을 요청했을 것이다. 하지만 평양까지 커버하는 장거리 전폭기야말로 북한에 대한 억지력과 북한에 대한 보복의지를 보여 줄 수 있는 가장 현실적인 무기라고 판단했을 것이다.

이 판단은 나중에 가장 효율적인 자원, 예산 배분의 성공 사례임을 역사가 증명했다. 6·25 당시, 연합국의 공습에 호되게 당한 김일성은 전후 전 국토를 대공포로 뒤덮다시피 하고, 김정일도 전후 동독에서 항공공학을 공부시키기 위해 유학을 보낼 정도였다. 북한은 한국의 신무기 도입 중에서 유독 항공과 관련된 무기에는 격렬히 반응한다.

최대 8.4톤까지 폭탄을 운반할 수 있는 쌍발 엔진의 전투 폭격기 팬텀 F-4. 2차 대전 폭격기의 대명사 B-29 폭격기의 폭장량이 10톤이므로, 이 작은 전투기의 전략적 가치는 엄청나다. 우리나라는 이스라엘, 일본보다 먼저 도입하여 북한의 미그기에 열세였던 공군력을 단숨에 역전시킴은 물론, 1970년대 대량 보유로 아시아 최강의 공군이라는 자부심도 갖게 해준 전투 폭격기이다. 하이(high)급 전투기에 대한 투자는 초기 비용은 크지만, 항상 투자 이상의 전략적 효과가 있다.

팬텀, F-16, F-15K, 아파치 도입설 등 유독 우리의 공군력 강화에는 거의 히스테리 증상을 보이는 것은, 6·25 당시 방공망의 부실로 전 국토가 초토화되고, 그들이 자랑하는 T-34전차의 절반이 항공기의 공격에 의해 파괴된 전력이 있기 때문이다(아군 전차의 절반은 대전차 지뢰에 의해 파괴됨). 박 대통령은 이러한 적의 아킬레스건을 꿰뚫고, 적이 가장 취약한 지점, 적이 가장 노이로제가 걸린 그 지점에 예산의 우선순위를 두었고, 다른 무기 도입보다 훨씬 비용 대비 최고의 효용을 이루었다.

3. 전략의 방향

바람직한 전략이란 자원을 효율적으로 분배한 것이라고 했다. 효율적이라는 말은 효과적이어야 한다는 의미이다. 그럼 어떻게 자원을 분배하는 것이 효과적일까? 필요한 곳은 많고, 자원은 한정되어 있고, 이것이 자원 분배시 딜레마다. 이곳에 집중하면 저쪽이 뚫린 것 같고, 저쪽에 집중하면 이쪽을 적이 노리는 것 같다. 방어하는 입장이든 공격하는 입장이든 항상 자원은 부족하다고 생각된다. 하지만 모든 것이 풍족한 조건에서 전쟁을 치루는 나라는 거의 없다. 설사 나라가 부유하더라도 전선에 있는 부대는 보급의 지체로 노숙자만도 못한 조건 하에서 전투를 하는 경우도 허다하다. 정치가, 최고 지휘관, 전선의 소부대 지휘관 모두 자신에게 주어진 열악한 조건 하에서 부여받은 임무를 수행해야 한다. 전쟁이 어려운 이유는 바로 한정된 자원으로 싸워야 한다는 것이다. 적보다 모든 것이 우월한 상황 하에서 전투를 한다면 이렇게 자원의 분배 및 우선순위 할당 때문에 고민할 필요도 없을 것이다.

전략은 한정된 자원을 두고 고민하는 인간의 지혜의 산물로, 각자 자신에게 처한 시대적, 정치적 상황에서 최선의 방책을 고민하면서 전략의 원칙을 하나하나 쌓아 나간다. 전술은 시대에 따라 변하지만, 자원 배분의 원칙은 변하지 않는다. 전략을 세우기 위해서는 수많은 변수를 고려해야 한다. 이 모든 것을 종합적으로 검토하여 자신에게 맞는 최적의 솔루션을 찾아내고, 거기에 맞게 한정된 자원을 할당해야 한다.

(1) 적에게 심리적 압박감을 극대화하는 방향

전쟁은 싸우지 않고 승리하는 것이 최선이라고 손자는 말했다. 하지만 더 중요한 것은 전쟁이 일어나지 않도록 하는 것이다. 일단 전쟁이 일어나면 싸우지 않고 승리해야 하지만, 그런 사례는 희귀하다. 또 전쟁은 싸우지 않고 승리하는 것이 최선이라는 말은 내가 공격할 때 적용 가능한 경구이다. 적이 선전포고도 없이 무력도발을 하고, 당장 포탄, 미사일이 날아오는데 어떻게 싸우지 않고 승리하란 말인가? 일단 전쟁이 일어나면 국가는 전시체제로 바뀌고, 모든 생산은 군수산업 위주로 재편되며 당장 총력전 체제로 들어간다. 국가의 예산의 90%가 전비에 들어간다. 이렇게 해서 전쟁에 이겼다 하다라도 아군의 피해도 엄청나다. 현대전은 전

후방의 구분이 없고 승리한다 하더라도 그 후유증이 너무 크다. 따라서 자원 분배시 전쟁을 억지하는 방향으로 배분되어 적이 도발할 엄두를 내지 못하게 하여야 한다. 이제는 전쟁에서 승리하는 군대보다는 전쟁을 억제하는 군대가 되어야 한다.

이를 위해 나의 주적, 잠재적 적국이 우리의 군사력에 큰 부담을 느껴야만 한다. 큰 부담이란 반드시 압도적인 수적인 우위를 의미하지는 않는다. 나의 주적과 잠재적 적국의 연구를 통해 그들이 무엇에 예민한지 무엇에 가장 신경을 곤두세우는지 알아야 한다. 이것이 지피지기이다. 많은 예산을 들여 국방력을 건설했지만 상대가 부담을 느끼지 않는 방향으로 군사력 건설이 이루어졌다면, 그것은 자원의 배분 방향이 잘못된 것이다. 가장 좋은 전략은 적은 예산을 들이고도 상대가 엄청난 심리적 부담을 느낀 경우이다. 이것은 의도적으로 이루어질 수도, 의도치 못하게 우연히 이루어질 수도 있다.

마치 구소련이 미국과의 해군력 경쟁에서 경제력 격차로 인해 수상함 전력의 경쟁은 무의미하다고 보고 전략핵잠수함에 집중하여 미국에 큰 부담을 준 것도 하나의 예이며, 한국의 해군력이 수상함보다는 잠수함에 예산 비중을 더 둔 것도 주변국에 대한 심리적 압박을 겨냥한 전략에 따른 자원 분배라 하겠다.

전략은 현재의 상황에 기초하여 세워지기도 하지만, 바로 직전 전쟁의 경험에 의존하기도 한다. 남북한은 분단 이래 6·25라는 한 차례의 큰 전쟁을 치렀다. 남북 공히 현재의 방어계획, 무기 도입 계획에서 6·25의 경험과 교훈이 미치는 영향은 엄청나다. 예를 들면 남한은 탱크 콤플렉스, 북한은 공중 폭격 콤플렉스, 인천상륙 콤플렉스에 사로잡혀 있다.

북한은 6·25 당시 미군의 공습으로 전 국토가 초토화되었다. 수풍댐이 파괴될 때 지도부는 공황 상태에 빠져 빨리 종전을 해야 한다고 생각했을 정도다. 미군의 공습이야말로 전쟁 기간 내내 북한에게 가장 큰 두려움이었다. 북한은 북한 주민에게 오히려 한국군보다 미군에 대한 적개심을 더 고취시킨다. 그 원인은 경제봉쇄라기보다는 6·25전쟁시 미군의 공습에 호되게 당한 상처 때문이다. 이 상처는 지역을 막론하고 전 국민이 모두 당했기에 공습에 대한 두려움과 공감대가 형성되어 있다. 이를 반영하듯 북한은 전후 전 국토를 대공포와 방공 미사일로 도배를 하다시피 했다. 바로 공군력에 대한 불안감, 콤플렉스의 결과다.

우리의 무기 도입 중에서 특히, 신형 공군기 도입에 히스테리하게 반응하는 것도 이러한 연장선상에서 해석되어야 하며, 미군이 한국에 전투기를 특별 파견하면 북한은 강도 높은 성명으로 비난하는 것도 이러한 이유이다. 판문점 도끼만행 사건 당시에도 미군이 북한 주변에 항공모함을 전진 배치시키고 폭격 준비를 하는 것처럼 보이자, 김일성이 직접 사과 성명을 발표했다.

이러한 상황을 이해한다면 결론은 자연스럽게 도출된다. 북한이 두려워하는 전폭기에 집중해야 한다. 전폭기가 자유롭게 폭격하려면 적의 방공망을 무력화시켜야 하므로 스텔스기의 도입이 추진되어야 한다. 스텔스화된 전폭기라면 금상첨화다. 지금은 도태되었지만, 과거 나이트 호크라는 스텔스 전폭기가 한국에 임시로 배치되었을 때 북한의 비난성명은 특히 신랄했다.

전폭기의 효과를 극대화하기 위해서는 공중급유기가 필수적이다. 공중급유기는 작전반경을 2배로 늘리기도 하지만 전폭기에 더 많은 무장(2배)을 가능케 한다(연료를 가득 채우면 이륙시의 부담 때문에 무장은 희생해야 하나, 공중급유기가 있으면 최소한의 연료만 싣고, 무장은 최대한 장착하고 이륙한 다음, 공중급유기를 통해서 연료를 보충하면 되기 때문). 하지만 이렇게 적에게 엄청난 부담을 주는 중요한 무기는 도입이 연기되고 엉뚱하게도 북한 핵무기에 대한 대책으로 K-2 신형전차를 조기 배치하는 어이없는 투자가 이루어지고 있다. 전차가 핵무기를 가진 북한에게 얼마나 심리적인 부담이 될까 의심스럽다.

2조 원을 들여 적에게 엄청난 심리적인 부담을 줄 수 있는 무기(공중급유기)가 있는데, 이는 예산 부족으로 연기하고 적의 핵무기에 아무런 견제 효과도 없는 전차는 북핵 대비용으로 5조 원을 들여 일정을 앞당겨 시급히 도입하겠다고 한다. 뭔가 우선순위가 바뀐 것이 아닌가?

또한 한국 공군이 추진 중인 FA-50 경전투기 같이 중거리 공대공 미사일인 알람도 안 되고, 벙커파괴용 JDAM도 무장할 수 없는, Low급 전투기를 국산이라는 이유만으로 10조 원 가까이 들여 도입하는 것은 반대이다. 적에게 심리적 압박감도 주지 못하는 무기를 한 기업의 회생만을 위해 60대니 120대를 도입하는 것은 자원의 효율적인 분배라는 관점에서 완전 비효율적이다. 많은 예산을 들였지만 주적도 주변국도 전혀 부담을

한국군에게 가장 시급한 무기라면 공중급유기이다. 전투기의 행동반경과 폭탄적재량을 각각 2배로 증가시키고 상대적으로 적은 투자로 잠재적인 적국에게 엄청난 심리적인 부담을 느끼게 하여 전쟁 억제력에 큰 도움을 준다.

느끼지 않는다면 그 전략은 완전 실패한 것이다.

북한이 탄도미사일이니 핵무기에 목을 매는 이유는 이미 재래식 전력은 더 이상 남한과의 경쟁이 무의미하다는 판단에서 나온 결과물이다. 그런데 우리는 아직도 재래식 무기인 전차, 대포, 장갑차의 수적 우위에 지나치게 집착한다. 북한이 몇 대이니 우리도 몇 대는 되어야 한다는 논리이다. 미군의 모델을 부러워하면서 막상 노동 집약적인 북한을 따라 잡겠다는 예산 분배는 난센스다. 북한이 포병의 숫자가 기형적으로 많은 이유는 지상 공격용 항공기나 공격헬기 없이 순수하게 포병으로만 기계화 부대의 화력을 지원해야만 하는 그들의 군사교리와 무기체계 때문이지만, 우리 공군은 F-4E, KF-16, F-15K, 코브라 헬기 등 모두 대지공격력이 우수하므로 지상 포병의 부족분을 메워 주고 있다. 그런데도 이러한 부분은 간과하고 사정거리 40~60km의 포병에 39조 원을 투입하여 북한 핵무기에 대응하겠다고 하니, 비용은 엄청 들이고 적에게 심리적인 부담은 주지 못하는 투자를 하고 있다. 우리의 북한 핵무기에 대한 대책은 강력한 장거리 보복 능력, 선제공격 능력, 이를 뒷받침하기 위한 정보 수집 능력의 배양이지 전차

조기 도입, 사거리 몇 십 km의 포병에 39조 원을 투자하는 것은 우선순위가 틀린 투자이다.

　북한의 또 하나의 콤플렉스는 인천상륙작전 콤플렉스다. 북한이 6·25 전쟁에서 패한 가장 결정적인 이유 중의 하나이다. 이에 북한은 패전의 원인을 인천상륙작전을 막지 못한 데 있다고 보고, 해안선을 요새화하고 아군 1개 해병사단에 대비하여 1개 기계화군단을 후방 배치시켜놓고 있다. 이에 대한 우리의 선택은 자명하다. 북한이 노이로제가 걸린 바로 그 약점을 최대한 이용하는 것이다. 우리가 해병대에 투자하면 할수록 북한은 후방에 더욱 신경을 쓸 테고 전방의 부대를 해안으로 전용할 것이다. 해병대는 그 자체로 공격적인 부대이므로 10을 투자했다면 북한에게는 100의 부담이 될 것이다. 하지만 한국은 거꾸로 해병대의 인원을 축소시키고(2020 국방 개혁에 따라 병력 삭감 목표치를 맞추다 보니 힘이 없는 해병대에서 병력을 줄인다는 어이없는 발상), 해병대의 숙원 사업인

인천상륙작전의 가장 유명한 사진. 미 해병대 소대장이 앞장 서 오르고 있다. 한 줌의 해병대가 한국전쟁의 흐름을 바꾸는 순간. 북한으로서는 최대의 고민인 한국 해병대. 하지만 해병대의 잠재력에 대한 인식 부족으로 예산 순위에서 항상 밀려 필요한 무기가 제때 공급되지 못하고 있다. 해병대에서 원하는 상륙 헬기도 예산 부족으로 취소되었다. 북한 입장에서 해병대에 비해 심리적 압박감은 훨씬 낮은 제한적 사거리의 포병무기에 39조 원을 투자하면서 정작 1조 원은 없어 호랑이에 날개를 달아 주지 못하고 있다.

싱가포르의 포미더블급 호위함. 만재 배수량은 3,200톤급이지만 위상배열레이더 헤라클레스 시스템과 32개의 함대공 미사일로 10발의 동시 교전 능력을 가지고 있다. 이는 한국형 5,000톤급 구축함 이순신급보다 2배 이상의 능력이다. 만재 배수량 10,000톤에 이르는 한국의 이지스함인 세종대왕함의 동시 교전 능력은 17발이다.

해병항공대 창설도 예산이 없다고 취소하였다. 그러면서 적에게 전혀 부담을 주지 못하는 사정거리 40~65km의 포병전력에 39조 원을 투자한다고 한다. 적이 가장 심리적으로 부담을 느끼는 자원은 축소, 폐지하고, 가장 심리적인 부담을 느끼지 않는 부문에는 39조 원이 투자된다고 하니 뭔가 자원이 잘못 분배되고 있다.

북한의 핵무기에 겨우 최대 사정거리 65km의 포병이 무슨 의미가 있는가? 이러한 제한적인 능력밖에 없는 부문에 39조 원의 투자가 과연 북한의 핵무기에 부담을 줄지 의문이다. 주한미군의 대화력전 임무 이양이 그 이유라면 순서가 바뀌었다. 미군이 그동안 대화력전 임무를 맡은 자원은 36문의 MLRS(다연장로켓)와 첨단 정보수집 능력과 C4I시스템이었다. 그런데 한국군은 MLRS를 수백 대 도입하면서 정작 첨단 정보수집 능력과 C4I는 예산 부족과 운용유지비 과다로 다시 우선순위에서 밀린다. 미군의 작지만 효율적인 운용은 안 보이고 북한에 대한 수적 열세만 눈에 보이는 한 한국군은 펀치만 강하지 장님인 군대가 되어 계속 부담 없는 군대가 될 것이다.

싱가포르는 도시국가이지만 공군은 동북아 최강이라는 한국의 F-15K 보다 더 우수한 AESA 레이더를 장착한 F-15SG을 보유하고, 여기에 더해 한국도 없는 공중급유기까지 보유하고 있다. 해군도 포미더블급의 세계적 수준의 최신 호위함을 6척이나 보유하고 있다(이 정도면 이지스함 3척의 보유효과가 있다). 도시국가이고 분단국가도 아닌 싱가포르가 이렇게 하이(high)급 위주로 전력을 갖추는 이유는 말라카 해협의 해상로 보호가 아니라, 잠재적 적국인 말레이시아, 인도네시아에 대한 심리적 압박을 최대화하여 나라는 작지만 보복 능력은 강력하다는 것을 시위하기 위함이다. 싱가포르 정부로서는 로우(Low)급 전투기, 소형 함정의 대량 도입보다는 강력한 보복 능력의 high급 소수가 더 주변국에 강력한 견제력을 발휘한다는 것을 알기에, 동일한 예산이지만 high급에 더 집중하여 투자대비 더 높은 효과를 얻고 있다.

(2) 일석이조(一石二鳥)의 효과

하나의 돌로 두 마리의 새를 잡는다는 속담은 한 가지 일로서 두 가지 이익을 얻는다는 의미로 쓰인다. 예를 들어 한정된 예산으로 A와 B 두 나라를 동시에 견제해야 하는 상황이라면 무기를 도입할 때 고민을 하지 않을 수 없다. 이 무기를 도입하면 A 국가는 견제가 가능하나 B 국가를 견제할 수 없고, 저 무기를 도입하면 B는 견제가 가능하나 A는 견제할 수 없다면 할 수 없이 이 무기, 저 무기 모두 도입해야 한다. 하지만 예산은 한정되어 있으므로 소량밖에 구매할 수 없으니 투자한 비용대비 별 효과는 없다.

하지만 어떤 무기를 도입하면 A, B 두 나라 모두 심리적인 압박감을 주어 상대가 어떤 행동을 할 때 이 무기를 의식한다면 이는 일석이조의 효과를 얻는 것이며, 한정된 자원을 효율적으로 투자한 것이다. 서해 5도의 전략적 위치가 그러한 예이다. 최북단 백령도는 한편으로는 북한의 평양에 가장 가까운 섬으로 공격에 유리하지만 북한이 남침시 측면을 위협한다. 이 서해 5도에 강력한 요새를 구축한다면 적에게 이중의 부담을 줄 수 있다. 이러한 이유로 해병대가 주둔하고 있다고 본다. 이와 같이 자원을 분배할 때는 파급효과가 가급적 넓을수록 좋다.

요즘 IT의 화두가 융합(fusion)이라고 하는데, 무기 개발에서도 하이브리드라 하여 하나의 플랫폼에 여러 가지 기능을 집약시킴으로써 여러 기능을 동시에 수행케 하여 인력과 예산을 줄인다. 이렇게 하나의 무기에 2가지의 기능을 융합한 무기의 원조는 총검을 들 수 있다. 과거에는 소총수, 창병이 별도로 있었다. 소총수가 탄환을 장전하는 동안은 소총수는 무방비 상태이므로 창병이 엄호해 주었다. 하지만 1700년대 소총에 소켓식 총검 기능이 생기면서 소총은 그 자체로 창병의 역할도 가능케 하여 백병전에서 창병에 의지할 필요가 없어졌다. 이것이 역사에서 창병이 사라진 계기가 되었다. 현대 시각으로는 당연한 기능이지만 개발 당시에는 획기적인 아이디어였다. 이렇게 일석이조의 자원 절약 효과는 무기 개발, 지형 이용뿐만 아니라 무기 도입시에도 중요한 판단 기준이 된다.

이를 한국군의 육, 해, 공군, 해병대에 적용해보면, 일석이조의 관점에서 한국의 해병대는 북한에만 공포의 대상이 아니라 일본에게도 여간 신경 쓰이는 것이 아니다. 일본이 독도를 점령하면 포항에 있는 해병사단이 대마도에 상륙하는 것을 일본은 가장 우려한다고 한다. 중국도 역시 서해 5도에서 요동반도는 지척이므로 역시 경계의 대상이다. 이렇듯 해병대 전력을 현대화하면 북한은 물론 일본, 중국도 동시에 견제할 수 있으니 일석삼조의 효과를 얻는다. 우리의 주적은 북한이지만 주변국과는 항시 긴장관계에 있다. 특히, 영토문제는 정치적으로 민감하여 양보나 타협을 기대할 수 없으므로 언제든지 제한적인 국지전으로 비화될 수 있다. 따라서 자원배분시 북한에 위협을 주면서 동시에 주변국에 부담을 줄 만한 무기를 도입해야지 북한용 따로, 주변국용 따로 따로 투자를 한다면 GDP 6%를 투자하여도 원하는 전력을 갖추기 어렵다. 그런데 한국 국방부는 해병대의 확대가 아닌 인원 축소와 전력 증강 계획 삭감을 추진하고 있으니, 이는 일석이조의 효과에 역행하는 비효율적인 전략이다.

현재 공군이 추진하는 Low급 전투기 FA-50은 기존의 F-5에 비해서는 당연히 낫지만, KF-16에 비해서는 가격대비 성능은 비교할 수 없이 떨어진다. 더 심각한 문제는 북한 견제용이지 일본, 중국의 전투기와는 한 세대 뒤진 전투기인데도 단지 국산화라는 이유로, F-5 대량 도입으로 늘어난 조종사 자리를 메운다는 이유로 최대 120대를 생산하려는 계획은 재고해야 한다. 이제는 전투기를 들여와도 주적과 주변국을 동시에 견제할 수 있는 무기를 도입해야지 북한용 따로, 주변국용 따로 들여오는 것은 일석이조가 아닌 중복 투자이다. 만약 북한이 붕괴되면 북한 공군을 대비해 10조 원 가까이 투자하여 들여 온 FA-50과 같은 Low급 전투기는 그 순간부터 존재 의의가 없어져 결국 천문학적 예산의 낭비만 초래한다. 우리나라는 군사강국에 둘러 싸여 있기에 공군력 건설시 적용되는 High-Medium-Low의 원칙에서 Low을 배제하고 비록 전체 전투기 숫자를 줄이더라도 Medium-High로 구성해야 한다.

물론 원칙적으로는 Low급도 필요하지만 이미 공군력 면에서 북한 공군을 크게 앞서 있고, 주변국가 모두 공군 강국이므로 도식적으로 High-Medium-Low 원칙을 고집하는 것은 오히려 자원의 낭비이다. 차라리 Low급 도입할 예산으로 지원기 세력(조기경보기 2대 추가 도입(6대가 적정하나, 현재는 4대만 보유), 공중급유기, 조인트 스타즈(J-STARS), 전자전기)을 도입하는 것이 한국 공군을 세계적인 공군으로 도약시킬 수 있다. 공군은 더 이상 전투기 조종사의 보직을 의식한 전투기 숫자 맞추기에 연연해서는 안 된다.

전문가들은 공중급유기, 조기경보통제기의 도입만으로도 그 나라의 공군력은 2배가 된다고 한다. 항상 전투기 도입에서 우선순위가 밀려 공중급유기의 도입이 늦어지는 것은 안타까운 일이다. 전투기 10대가 도입된다고 주변국에 큰 위협은 안 되나, 그 돈으로 공중급유기가 도입되면 큰 위협이 되는데도 말이다. 공중급유기는 한국 공군이 보유한 질적, 수적 주력인 176대의 F-16 전투기로 북한 전역을 타격할 수 있고, 독도에서 충분한 체공시간을 가능케 한다. 공중급유기가 없을 때 일본은 독도에서의 공중전시 F-15K 40대만 고려하면 되지만, 공중급유기가 도입되면 총 176대를 추가적으로 고려해야 하므로 독도에 대한 섣부른 오판을 못하게 할 것이다.

우리에게는 북한만 견제 가능한 Low급 전투기보다 북한과 주변국을 동시에 견제하고 공군 전력 지수를 2배로 늘릴 공중급유기가 더 시급히 필요하나, 이런 지원기의 도입은 전투기의 도입에서 우선순위가 밀리는 것을 볼 때 과연 이러한 투자가 전략적으로 합목적적인지 의심케 한다. 물론 공군도 전투기 조종사의 보직 문제와 우수한 조종사를 민간 항공회사로 빼앗기지 않기 위해 전투기의 투자가 우선시 되는 것은 알지만, 조직의 논리가 국가 전략의 논리에 앞설 수는 없다.

해군의 차기호위함(FFX) 사업도 마찬가지다. 북한 견제용으로나 유용하지 현대화된 중국, 일본의 구축함에는 감히 대양에서 맞설 수 없는데도 북한 견제용으로 24척을 7조 원이나 들여 건조한다는 것은 이해할 수 없다. 현재 수상함 전력만으로도 북한을 압도하는데, 단지 북한만 견제할 수밖에 없는 함정에 7조 원을 쏟아 붓는다는 것은 자원의 효율적인 이용이라는 측면에서 재고되어야 한다. 더구나 중국, 일본은 손꼽히는 대양해군을 건설하는데 우리는 북한에만 매달려 반대로 연안해군으로 역주행을 하고 있다. 주적에 대해 우선 내실을 기하는 것도 좋지만 이미 북한 해군과는 비교할 수 없을 정도의 우위에 있는데, 다시 격차를 더 늘리기 위한 투자는 중복 투자이다. FFX는 최소한의 건조로 마무리하고, 그 비용으로 북한은 물론 주변국을 동시에 견제할 수 있는 대양해군용 함정에 투입하든가, 아니면 우리 해군의 취약점인 독자적인 상륙 능력 향상을 위한 대형 상륙함을 추가 건조하여 해병대에 날개를 달아 주는 것이 더욱 효과적인 자원 분배라고 생각한다.

육군도 북핵 대응용으로 39조 원을 포병세력 확충에 투자한다고 하는데, 과연 사거리 40km 자주포와 사거리 80km의 다연장 로켓포에 39조 원을 투자할 가치가 있는지 의심스럽다. 차라리 아파치 헬기 도입과 조인트 스타즈, 글로벌 호크, C4I에의 투자가 더욱 효율적이지 않을까? 자주포, 로켓포는 그 제한적인 사거리로 북한의 포병만 견제하지만, 아파치 헬기는 적의 기계화 부대, 포병 부대, 공기부양정을 이용한 상륙부대를 동시에 저지하며, 조인트 스타즈와 글로벌 호크는 적의 지상 목표에 대한 정확한 정보를 제공하며, 국가 전략 정찰 무기로도 그 가치가 무한하니 그야말로 일석이조의 효과가 아닌가? 좀 더 국가 차원의 거시적이고 균형 있는 시각과 자원의 3차원적인 배분이 아쉽다.

우리의 주변 국가가 군사력이 우리와 같거나 우리보다 열세인 국력이면 미디엄, 로우급의 대량 도입도 문제가 없다. 그러나 주변 4강이 세계 군사강국인 상황에서 북한만을 위한 무기 도입은 주변국으로 하여금 한국을 만만하게 보고 분쟁을 일으켜도 승산이 있다는 오판을 허용할 여지를 주므로, 이러한 로우급 위주의 전력 증강은 동북아와 같이 세계 최강의 군사강국으로 둘러싸인 우리나라의 입장에서는 외교적으로도 매우 위험하다.

이제는 무기를 도입할 시 각 군은 자신들만의 입장과 편의만 생각할 것이 아니라 국가적 차원에서 생각하여야 한다. 과거 태평양 전쟁 당시 일본군의 고질적인 문제들을 보면 학벌주의, 출신지, 파벌주의 말고도 육·해군간의 상호 배타적인 경쟁심, 각 군 이기주의를 들 수 있다. 육군이 자체의 상륙 부대, 자체의 해상 보급부대, 자체의 항공모함을 개발, 운용했을 정도로 서로에 대한 배타성은 극에 달했다. 미국의 합동참모본부와 같이 각 군의 입장을 조정, 통제할 공식적인 기구도 없는 상황에서 각 군은 중복 투자로 예산을 낭비하였다. 일석이조가 아니라 이석일조(二石一鳥)의 어리석음으로 그나마 부족한 자원조차 효율적으로 이용하지 못했던 것이다.

일본제국 육군이 건조한 항공모함 아끼쓰마루(배수량 9,190톤)

사실 세계 모든 나라는 육, 해, 공군 모두 사이가 좋지 않다. 군대도 관료주의의 일부분이므로 한정된 예산을 자기 조직에게 더 할당하여 자기 조직의 확대를 꾀하고 싶은 것은 어느 나라 군이든 마찬가지이다. 하지만 이러한 각 군 이기주의 속에 중복 투자적인 무기 도입으로 예산은 낭비되고 인적자원마저 비효율적으로 분배된다면, 이는 당장 시정되어야 하며, 중립적인 감독기관이 좀 더 강력한 조정 능력을 발휘하여야 한다. 예산을 더 배정받는 것보다 있는 예산을 좀 더 효율적으로 사용해야 한다.

(3) 국가 안보가 기업의 이익이보다 우선시 되는 정책

아이젠하워 대통령이 퇴임 연설에서 '군산복합체'의 막강한 영향력과 위험성에 대해서 다음과 같이 경고하였다.

" '엄청난 군사시설과 대규모의 무기산업의 결합'이란 미국인에게는 새로운 경험입니다. 경제적, 정치적, 심지어는 정신적인 면 등에 대한 전체적인 영향은 모든 도시, 모든 국가기관 및 연방정부의 전 사무실에서 느낄 수 있었습니다. 행정관청 내에서 우리는 '군산복합체(軍産複合體, Military-Industrial Complex)'에 의한 유형무형의 부당한 압력을 막아내야 합니다. 부당한 권력의 출현이 부당한 결과를 발생시킬 가능성은 상존하고 있고, 또 계속 존재할 것입니다."

그는 군산복합체를 단순한 이익 집단이 아닌 눈에 보이지 않는 거대한 권력으로 묘사했다. 그들은 미국은 물론이고 세계를 조종할 수 있다는 것이다. 이제 세계적인 군수업체는 단순히 군의 요구에 순응하여 무기를 개발하고 납품하는 제조업체 이상의 존재가 되어버렸다. 전쟁이 곧 사업이요, 매출인 군수업체는 그 막대한 자본력을 이용하여 이제 세계 분쟁 지역에 간섭하고 오히려 전쟁 수요를 만들 수 있는 거대 공룡이 되어버렸다. 군 출신들이 기업의 요직에 스카우트되고, 이들이 다시 행정부 각료로 입각되어 정책을 주도하면서 군수업체의 이익을 대변해 주는 것은 이제 더 이상 낯선 이야기도 아니다. 미국 대통령을 결정하는 것은 일반 시민이 아닌 기업 카르텔이라는 것은 이미 공공연한 사실이다. 대표적인 기업 카르텔로는 석유 마피아, 금융 마피아, 그리고 군수 마피아가 있다. 이들은 특정 대통령 후보에게 후원금을 몰아주는 형태로 자신의 입맛에 맞는 후보를 골라세워 자신들의 이윤 재창출에 기여케 한다. 미국은 이미 기업이 행정부, 입법부를 지배한 나라이다.

1900년 이전에 미국에는 이미 글로벌 대기업(석유왕 록펠러, 강철왕 카네기, 금융왕 JP 모건, 철도왕 밴더필드로 대표되는)이 성장하여 이들이 의원들에 대한 막강한 로비로 자신들의 기득권을 지켰으니 미국이야말로 기업의 나라이다. 이렇게 막강한 파워를 가진 군수기업은 군의 수요에 의한 무기 납품이 아닌, 반대로 기업의 요구, 이익을 위한 무기구매가 일어난다. 더구나 자신의 선거구에 군수공장이 있는 경우는 의원들이 앞장서서 군수기업의 이익을 옹호하고 든다.

인접국인 일본도 예외가 아니다. 물론 미국과 같은 정도는 아니지만 일본도 미쓰비시, 가와사키, 미쓰이 같은 대기업은 그 탄생과 성장부터가 정부로부터의 관립회사를 저가로 불하받고 성장한 기업으로 정부와의 관계는 매우 끈끈하다. 일본은 기업, 관료, 의회의 3각 체제가 서로 밀어

주고 당겨주는 폐쇄적인 국가 시스템이라는 것은 이미 알려진 상식이다. 군수업체 역시 1차 대전의 전쟁 수요와 태평양 전쟁 당시 군수업체로 대기업으로 성장하였기에 군과의 인연은 길고도 길다. 흔히 일본 무기의 비싼 가격표에 경악하는데, 이는 군산 유착의 당연한 결과이다. 우리나라는 무기 개발시 자체 국산화와 해외 도입을 병행한다. 도입이 국산화보다 더 경제적이라면 굳이 해외 도입을 마다할 이유는 없다.

그 대신 해외 도입이 어렵거나, 너무 비싸거나, 우리가 반드시 확보해야 할 핵심기술은 자체 개발하는 것이 일반적이고 이것이 합리적인 자원 이용이다. 하지만 일본은 100% 국산화가 기본 정책이다. 그 비용이 얼마가 들던지 관계없이. 이는 미국조차도 불가능한 일이다. 하지만 일본은 이것이 가능하다. 아무리 비싸도 기꺼이 사주는 방위청이 있고, 이러한 구매는 국산화라는 이름으로 정당화된다. 군수업체의 일감 확보를 위해 항상 매년 잠수함 발주가 나간다. 신형 잠수함 확보라는 그럴듯한 명분으로. 사실상 실패로 끝난

세계 최강의 롱보 아파치 헬기. 육, 해, 공군 모두에게 필요한 대형 공격헬기이지만 업체의 반발로 도입이 좌절되었다.

F-2 전투기도 기업의 일감 확보를 위해 발주가 나갔던 나라가 일본이다. 일본은 전투기를 수입할 때도 국내 라이선스 생산이 원칙이다. 라이선스 생산을 하려면 100대 이상의 물량이 되어야 사업성이 있는데, 일본 정부는 기꺼이 물량을 채워, 국내 기업에서 라이선스 생산케 한다. 명분은 역시 국내 산업 보호와 기술 확보 등등.

한국도 이러한 세계적 흐름에 발맞추어(?) 군수업체의 이해관계에 떠밀려 각 군의 해외 무기 도입 계획이 좌초, 지연, 왜곡되고 있다.

그 대표적인 케이스가 아파치 헬기 도입 사업이다. 아파치 헬기는 이미 실전에서 검증된 세계 최강의 공격용 헬기이다. 둥그렇게 생긴 레이더를 이용하여 256개의 목표물을 순식간에 파악하여 16발의 헬파이어 미사일, 또는 76발의 2.57인치 로켓탄, 1,200발의 30mm 기관포에 목표물에 대한 우선순위를 할당하여 적의 기갑차량은 물론(대전차 미사일 16발을 장착한 1개 대대(36내로 구성) 아파지 헬기가 뜨면 산술적으로 576대의 전차를 격파할 수 있으며, 이는 3개 기갑사단에 해당) 공기부양정을 통해 야간에 서해를 통하여 게릴라식으로 침투하는 적과 적진 깊숙이 저공 침투하여 적의 방공기지와 포병 부대에 일격을 가할 수도 있는 그야말로 멀티롤(Multi-role), 전천후 공격헬기이다. 북한에게는 엄청난 심리적 부담이요, 여러 가지 임무도 수행이 가능하기에 일석삼조의 효과를 올릴 수 있는 지극히 효율적인 자원 분배로서 한국 상황에 부합되는 세계 최강의 공격용 헬기이다.

이러한 엄청난 능력을 가졌기에 한국군도 오랜 동안 도입을 하려고 여러 차례 시도했으나, 어이없게도 국내 항공회사의 로비에 밀려 아직까지도 도입이 이루어지지 않고 있다. 아파치 헬기가 도입될 경우 아파치에 비해 한참 성능이 떨어지는 한국형 공격헬기의 사업이 좌초될 것을 우려한 업체의 반대가 치열하다. 대표적인 반대 논리가 도입단가가 비싸고 유지비가 많이 든다는 것이다. 하지만 가격이 비싼 대신 그만큼의 값어치를 한다면 그것이 효율적인 예산분배이다. 오히려 가격은 조금 싸지만 제 역할도 못하는(주적과 주변국에 견제력도 발휘 못하고 멀티롤 기능도 없는) 경량급 한국형 헬기 도입보다는 훨씬 낫다. 중요한 것은 가격 대비 효과이지 단가 자체가 아니다.

정작 국가 안보에 필요한 무기가 적시에 도입되지 못하고 업계 이익에 밀려 사업이 표류하고 있는 것을 보면 가장 큰 적은 항상 우리 내부에 있다는 말이 생각난다. 럼스펠드 미 국방장관이 취임과 동시에 관료화된 펜타곤에 대한 대대적인 개혁에 착수하면서 "미국 안보의 최대의 적은 바로 펜타곤이다"라고 일갈한 것을 들을 때 그 심정이 이해가 간다. 국내 회사가 가격은 비싸지만 아파치 헬기와 동등의 성능을 갖는 대형 공격용 헬기를 만든다면 국내 산업 보호라는 측면에서 그래도 이해가 간다. 하지만 낮은 엔진 출력, 빈약한 무장, 검증되지 않은 미션컴퓨터, 개발기간에서 양산까지 10년 넘게 걸리는 공격헬기 개발을 단지 국산무기라는 정치 논리로 억지로 군에 떠넘기겠다는 업체의 발상 자체가 경악스럽다. 수십조 원의 돈을 들이고 아무 뚜렷한 효과도 없는 무기를 단지 국산이니까 무조건 구매해야 하는 것만큼 전략의 원칙에 위배되는 것은 없다.

인도가 국산 전차 개발이라는 명분 아래 35년간 엄청난 개발비로 투입하고 결국 실패로 끝난 '아준' 전차와 26년간 4조 원의 개발비를 투자하고 이제 겨우 러시아의 도움으로 마무리한 핵잠수함 프로젝트를 보면 국산화라는 정치논리가 얼마나 국가 예산에 큰 부담을 주는지, 저성능 국산무기를 직접 운용하는 군인에게는 얼마나 위험한지, 전쟁이 일어났을 경우 비용대비 낮은 효과의 국산무기로 싸워 전쟁에 패했을 경우 국가 운명이 어떠할지를 생각하면 아찔하기 그지없다. 정치논리야말로 군사적 합리성의 최대 걸림돌임을 수많은 역사가 증명한다.

(4) 적의 아킬레스건을 노려라

인간에게 급소의 의미는 작은 충격에도 생명에 치명적인 결과를 초래하는 곳을 말한다. 신체와 마찬가지로 국가에게도 이런 급소는 있다. 이러한 급소를 알아내면 작은 타격만으로도 엄청난 효과가 있기에 자원의 분배 측면에서 최고의 전략이다.

미국 CIA의 목적은 스파이 활동이나 공작정치 이전에 사실은 잠재 적성 국가를 학문적으로 연구하여 그 나라의 아킬레스건을 찾아내어 유사시 이 아킬레스건을 위협하는 정책으로 싸우지 않고 미국의 정치적 목표를 달성하는 데 있다. 미국이 CIA 정보를 바탕으로 상대국의 아킬레스건을 위협할 때 상대는 가장 위협을 느끼고 미국의 요구에 굴복할 수밖에 없다. 손자가 말하는 싸우지 않고 승리하는 것이 최선이라는 명언은 바로 이러한 적의 아킬레스건에 대한 외교적, 군사적, 심리적 위협으로 피를 흘리지 않고도 정치적, 경제적 목적을 달성함을 의미한다. 적의 아킬레스건을 내가 마음대로 통제할 수 있다면 전쟁의 승패는 이미 결정된 것이다.

대표적인 아킬레스건으로 통상 보급로를 들 수 있는데, 일본에게 태평양 전쟁은 전쟁 내내 해상 보급로와의 싸움이었다. 중국이라는 거대한 시장을 독점하려는 일본에 대해 미국은 외교적 제동을 걸어 만주사변 이전의 국경선으로 철수를 요구했고, 일본은 당연히 거부했다. 이에 미국은 일본의 약점인 천연자원이 전무한 자원 빈국이기에 석유, 고철 같은 자원 수출통제의 카드로 일본을 압박하면서 일본이 중국에서 철수하도록 요구했지만, 일본은 자원과 시장을 제공해 주는 중국을 포기하는 대신에 전쟁을 택했다.

진주만을 기습한 일본은 바로 뒤이어 동남아시아를 공격했다. 인도네시아가 주목표였다. 그들에게는 석유가 절실했다. 어차피 개전의 원인이 석유와 고철 같은 자원 때문이었으니, 자원을 영구히 확보하여 미국의 자원 수출 통제에서 벗어나려 했을 것이다. 인도네시아의 자원(석유, 고무)과 만주라는 시장, 일본이라는 공장이 있다면 대동아 공영권이 가능하리라 판단했을 것이다. 이 구역만 확보하면 외부의 간섭 없이 일본의 독점적 지위를 보장받으리라 생각했을 것이다. 이를 위해 일본 군부는 우선 인도네시아를 안전하게 점령하려면 싱가포르에 주둔한 영국의 동양함대, 맥아더가 사령관으로 있는 미군기지를 몰아내야 했으며, 나아가 인도네시아와 일본 사이의 해상교통로의 안전을 보장받기 위해서는 남태평양의 주요 섬들을 전초기지로 삼아 연합국의 접근을 거부해야 했다. 하지만 이 전략은 필연적으로 광대하게 산재해 있는 섬에 일본군을 분산 배치하여 각개 격파의 기회를 적에게 제공하는 문제점을 태생적으로 안고 있었다. 또한 본토에서 멀리 떨어진 섬들은 보급을 전적으로 해상에 의지했기에 제해권이 상실되면 그대로 대량의 기아사태로 발전할 수밖에 없는 전략적 수세의 환경이었다(사실, 태평양 전쟁시 일본군은 전사보다는 아사자와 제대로 먹지 못하여 면역력이 떨어져 작은 상처가 사망으로 이어지는 준아사자가 더 많았다).

이러한 모순(아킬레스건)을 간파한 미군은 우선 제공권 장악으로 적 보급로 차단으로 일본군을 고립, 전투 잠재력을 떨어뜨린 다음, 주요 섬을 징검다리식으로 타고 올라가 최종적으로 일본 본토를 점령하는 전략으로

태평양 전쟁 당시 일본 해군이 운용한 2,000톤급의 잠수함으로 섬에 고립된 일본군의 보급 수송용으로 이용되었다. 보급품 수송선단을 호위하는 호위함의 부족으로 보급로가 차단된 데 따른 고육지책이었다.

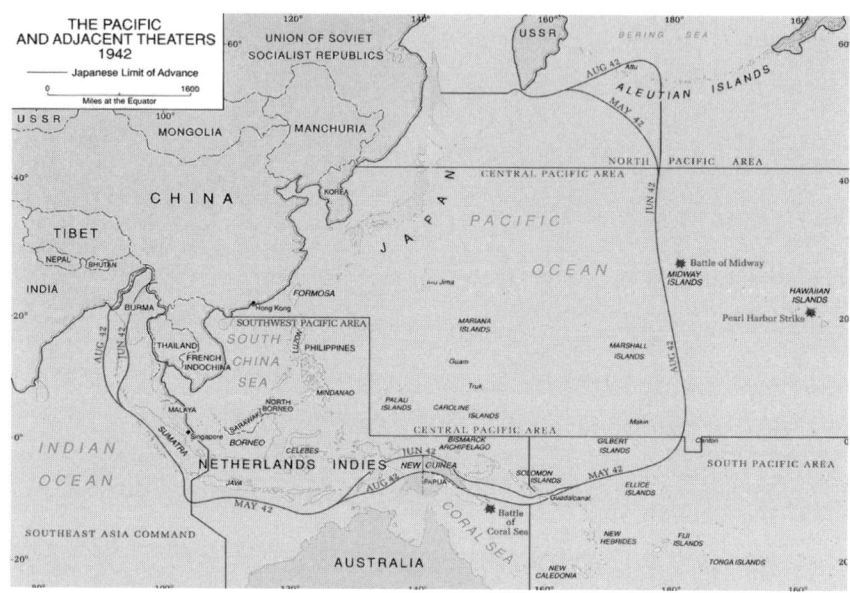

태평양 전쟁 당시 일본의 최대 판도. 지나친 전선 확장으로 많은 섬에 병력 분산의 결과를 초래, 각 섬은 제공권, 제해권 상실과 동시에 각개 격파의 취약점을 안고 있었다.

나갔고, 결국 성공했다. 미 해군의 잠수함은 일본 해군의 수상함은 처음부터 무시하고 오직 일본 본토와 동남아시아 사이에서 자원을 운반하는 상선, 일본 본토에서 남태평양으로 보급품을 운반하는 수송용 선박만 공격하였다. 일본 상선의 85%가 미국 잠수함에 의해 침몰되었다(1939년 전쟁 발발 당시 2,337척이던 상선은 종전시 231척에 불과하였다). 미군의 폭격기가 일본 본토까지 접근하던 시기에는 일본의 항구에 대량의 기뢰를 투하하여 아예 항구 자체를 봉쇄했다.

그 결과 일본으로서는 원자재가 조달이 안 돼 일본의 공업생산력은 떨어져 경제는 붕괴되고, 남태평양의 부대는 보급이 차단되어 굶주림으로 전투 유지도 어려울 정도였다. 일본으로서는 미 해군의 잠수함에 의해서 전쟁에 패했다고 해도 과언이 아니다. 적의 통상파괴가 주목적인 잠수함을 일본은 섬에 고립된 부대의 보급품 수송에 이용하였고, 아예 수송용 잠수함을 세계 최초로 유일하게 별도로 건조했을 정도이니 그 절박함이 어느 정도인지 알 수 있다.

일본은 태평양 전쟁 초기부터 아래와 같은 문제에 대한 대책을 세워야 했다.
① 너무 전선을 광범위하게 확장시켰다(자신의 능력 범위 밖에까지).
② 많은 섬에 병력을 분산 배치하였다.
③ 섬끼리 상호 지원이 안 되었다(고립무원).
④ 섬에는 육군만 주둔하였다.
⑤ 보급을 경시하였다.
⑥ 보급로가 너무 길었다.
⑦ 보급선에 대한 엄호를 소홀히 하였다.
⑧ 함대 결전 사상으로 대형 전함에 자원을 우선 할당하였다.
⑨ 장거리 수송기가 없었다.
⑩ 해군의 지원은 일본 본토에서 받아야 했다.

이러한 전략적 실수를 통해서 다음과 같은 대안을 찾을 수 있다.
① 전선을 현실적으로 보급 가능한 수준으로 축소한다(보급선 축소).

② 전방의 섬을 육군 중심이 아닌 공군기지화 및 요새화한다(괌이나 하와이처럼 섬 자체가 불침항모의 역할을 해야 한다). 섬 안의 육군은 그 자체로 수세적일 수밖에 없어 미군이 상륙할 때까지 무한정 가느다란 보급에 의지하면서 기다리다가 미군이 상륙하면 결국 점령될 수밖에 없는 매우 수동적인 운명이었다. 차라리 일본 육군이 섬을 공군기지 중심으로 운용했으면, 미군의 상륙 준비단계부터 더 적극적으로 대응하여 큰 타격을 입혔을 것이다. 하지만 기동함대에서도 항공병과는 보조 병과로 취급되는 상황에서 총검돌격을 지상 최고의 전술로 생각하는 육군에게 이러한 발상의 전환은 무리였다. 적의 상륙에 대한 대응은 전적으로 해군이 담당하고 섬의 방어는 육군이 담당하는 역할 분담론은 미드웨이 해전의 패배로 이미 절름발이가 될 수밖에 없었다.
③ 기지화된 섬은 서로 전투기의 지원 가능한 거리 내에 둔다.
④ 잠수함은 미군의 수송선과 상륙선에만 집중한다.

1, 2차 세계대전 당시 독일의 소수 잠수함 세력이 영국을 거의 패배 직전 상황까지 몰고 간 것은 익히 잘 알려진 이야기다. 자원 빈국인 동시에 해양국가인 영국 역시 해외 식민지로부터의 자원 수입에 경제가 유지되는 상황에서 독일이 좀 더 일찍 잠수함에 투자를 했다면 전쟁은 독일의 승리가 되었을 것이다. 2차 세계대전 발발시 독일이 보유한 잠수함은 고작 56척, 이 중에서 작전 투입이 가능한 잠수함은 46척이었으며,

그마저도 대서양에 투입 가능한 잠수함은 22척뿐이었다. 하지만 정비, 훈련, 작전해역 왕복 항해에 소요되는 시간을 고려하면 실제 대서양에서 동시 작전이 가능한 잠수함은 8척에 불과했다고 한다. 심지어 1942년 초에도 미 해역과 카리브해에서 작전했던 독일 잠수함은 어느 때고 12척을 넘지 않았다. 그럼에도 1942년 1월 한 달간 미 해역에서 62척 327,357톤의 선박을 격침시키는 괴력을 발휘했다. 이렇게 빈약한 숫자와 지원(독일 해군은 전체 철강 생산량의 5%만 할당받음) 속에서 개전 2년만에 영국의 자력에 의한 전쟁 수행 능력을 결정적으로 상실케 했다.

만약 독일이 대규모 수상함 건조 계획인 Z-PLAN(50,000톤급 전함 6척, 20,000톤급 순양함 8척, 20,000톤급 항모 4척, 경순양함 이하의 수상함 다수, U-보트 233척을 10년 후인 1948년까지 확보하는 계획) 대신에 1차 대전의 교훈으로 1,000톤급 잠수함에 좀 더 일찍 투자를 했다면 전쟁은 달라졌을 것이다.

한국의 아킬레스건이라면 수도 서울이 휴전선에 매우 가깝다(방어 종심이 짧다)는 지리적인 핸디캡이다. 휴전선 일대의 갱도 속에 숨겨둔 북한의 구식 장거리포는 (포신 2개를 이어 붙인 조잡한 구조에 내구성과 정확성은 엉망으로 몇 번 발사하면 이어붙인 총신이 갈라짐) 서울을 사거리로 두는 한 정치적인 가치가 있다(서울 불바다 발언). 한국은 자신의 정치적 아킬레스건을 겨냥한 한 줌도 안 되는 구식 포병에 대응하기 위해 사거리 40km의 자주포, 사거리 80km의 다연장 로켓포, 대포병 레이더에 2020년까지 39조 원을 투입한다고 한다.

북한으로서는 불과 몇 백억 원을 투자하여 상대에게 39조 원의 돈을 북한에 대한 선제공격이나 강력한 보복능력에 사용하지 못하게 하고, 겨우 갱도 속의 포병 대응에 투자를 유도하니 북한으로서는 10을 투자하여 10,000배의 효과를 올리고 있다. 역으로 한국으로서는 적의 페이스에 말려들어 엄청난 예산이 제한된 목적의 전술무기 투자에 묶이고 있다. 필자의 생각으로는 39조 원을 오직 갱도 속의 구식 포병만을 잡기 위해 투자하는 것은 협소하고 근시안적인 자원 분배이다. 갱도 속의 포병은 무조건 대포로 잡아야 한다는 선입견에서 벗어나 강력한 대지상 공격능력을 가진 전폭기를 갱도 공격용으로 추가도입하면 북한의 갱도 속 포병을 잡으면서 북한 전역을 폭격할 수도 있고, 아울러 주변국도 견제하는 1석 3조의 효과가 있다고 본다. 어차피 갱도 속의 포병은 이동하는 것이 아닌 고정 타깃이므로 더 쉽게 타격할 수 있고, 고속 비행하는 비행기도 미리 입력된 좌표에 따라 타깃을 놓치지 않고 타격할 수 있다. 자신의 조직에 더 많은 예산을 할당받고 싶은 것은 어느 나라 군대나 마찬가지이며, 관료제의 영원불변한 관성이다. 하지만 이제 시야를 넓혀 타군과의 협조 하에 때로는 타군의 대응이 더욱 효과적이고 경제적이라면 자신의 예산도 과감히 양보할 줄 아는 대승적 결단도 해야 한다.

(5) 중복 투자를 피하라

　각 군은 자신의 입장에서만 상대를 본다. 그리고 자신의 군에서 필요한 별도의 맞춤형 무기를 얻고자 한다. 합동참모본부가 강력한 조정 기능을 하는 미국에서조차도 과거에 공군은 공군대로 필요한 전투기를 개발하고, 해군은 해군대로, 해병대는 해병대 나름대로의 고유의 임무와 차별성을 내세워 3군이 모두 별도의 전투기를 개발, 생산하였다. 이러한 우후죽순식의 전투기 개발로 미국 국방비의 25%가 전투기 개발에 투자된 시대도 있을 정도였다. 아무리 세계 최강의 미국이라고 하지만 이러한 천문학적인 비용은 감당하기 어려웠다. 더구나 구소련이 붕괴되고, 베를린 장벽이 무너진 마당에 군사비의 대폭적인 삭감은 불가피했다. 이러한 시대적 요청에 의해 3군이 머리를 맞대고 공동개발 사업으로 지금의 JSF(Joint Strike Fighter)인 F-35라는 전투기가 나왔다. 이 결과 개발비는 당연히 줄어들고 단일 제품의 양산 물량이 늘어나다 보니 생산비도 절감되어 결국 무기 획득 비용이 대폭적으로 인하된 효과를 얻어 미군의 무기 획득사에 가장 훌륭한 업적으로 기록된다. 각 군이 이기주의, 비밀주의, 자군 우월주의를 버리고 머리를 맞대고 함께 고민한 결과 중복 투자를 피함으로써 국가 자원을 좀 더 효율적으로 이용한 것이다.

한국도 중복 투자의 낭비가 없지 않다. 이미 북한 공군을 압도하는 전력을 가졌음에도(시뮬레이션에 따르면 3일만에 북한 공군은 없어진다) 한 세대 지나 이미 한물 간 버전이자 저성능 고비용의 지대공 자주포인 비호에 몇 조 원을 쏟아 붓는 것은 이해가 안 간다. 거기에 더하여 차기 대공포니 하이브리드 대공포니 하여 또 다시 대공포에 천문학적인 돈을 투자하겠다는 것은 과잉투자이다. 정말 필요한 해군에서는 예산이 없어 아우성인데 위협이 없는 곳에 천문학적인 돈을 투자한다는 것은 이해가 안 간다. AN-2같은 저고도 침투용 프로펠러기가 문제라면 야간작전 능력이 우수한 아파치 헬기로 해결해야지, 야간전투 능력이 현저히 떨어지는 비호나 대공포에의 투자는 업체 양산물량 보장이라는 차원이라고밖에 달리 생각할 수가 없다. 기계화 부대에 자주화된 방공무기가 필요한 것은 당연하지만 전체적인 시각에서 본다면 북한 공군의 지상공격 능력이 거의 없는 마당에 무조건 한 개 사단에 몇 대의 숫자는 맞추어야 한다는 것은 자원의 효율적인 이용이라는 전략의 원칙에도 위배된다.

　북한의 공군을 살펴보면 미그 17급, 미그 19급, 미그 21급 전투기 같은 현대전에 사용이 불가능한 비행기가 525대, 그나마 현대전을 수행할 만한 미그 23이 60대, 미그 29가 40대를 보유하고 있다. 하지만 미그기는 설계 목적이 공대공 전투기용이지 지상공격용은 아니므로 북한의 625대 전투기가 지상공격 능력이 거의 없다고 보아도 좋다. 있다면 SU-25K 36대로 폭탄 적재량 4.4톤에 불과하다. 구식 전투기 SU-25K 36대는 동북아 최강의 전폭기인 우리 F-15K에 의해 간단히 제거될 수 있는데, 육군은 몇 조 원을 투자하여 존재하지도 않는 북한의 지상 폭격기를 겨냥한 대공무기에 투자하는 것은 이해가 안 가는 것은 물론 효율적인 자원 분배와도 거리가 멀다. 차라리 그 예산으로 신속한 근접 지원 화기로 정말 필요한 120mm 자주박격포에 우선 투자하는 것이 중복 투자를 막는 길이다.

(6) 적이 갖지 못한 차별화된 무기를 갖는다

2차 세계대전 당시 독일, 일본, 영국, 소련이 가지지 못한 무기 중에서 미국만이 가진 무기를 들라면 원자폭탄과 B-29 폭격기를 들 수 있다. 4발 엔진 초장거리 폭격기인 B-29는 원자탄을 투하하는 플랫폼으로 이용되었다. 원자탄과 B-29 폭격기의 결합을 보면 미국의 차별화된 과학기술 능력을 동시에 보여준다. 독일은 전쟁 전 지상군의 근접 지원으로 공군의 포병화를 강조하다 보니 장거리 폭격기의 필요성은 느끼지 못하여 4발 엔진 장거리 폭격기 개발을 못하여 어쩔 수 없이 2발 폭격기를 이용했으나, 그 한계는 명백했다. 일본은 4발 폭격기를 개발할 기술도, 예산도 따라 주지 못했다.

미국이 개발에 성공해 하늘의 요새라 불린 B-29의 개발비(30억 달러)가 원자폭탄 개발비(20억 달러)보다 더 많이 들었다는 것을 아는 사람은 별로 없다. 당시 가장 대형 폭격기인 B-17보다 항속거리, 폭탄 탑재량에서 2배의 능력을 자랑했다(최대 항속거리 9,650Km, 최대 폭탄 탑재량 10톤, 최고시속 570Km). B-29 승무원은 더 이상 거추장스러운 산소호흡기, 두터운 방한복을 입을 필요가 없었다. 부품 수 150만 개의 초고속, 초장거리, 초중무장 폭격기를 개발한다는 것은 당시로서는 불가능한 시도였다. 하지만 적이 가지지 못한 무기를 가진 이점은 엄청났다. 전쟁이 끝날 무렵 66개의 일본 대도시가 초토화되었다. 특히, 1945년 3월 9일 도쿄 공습으로 원자폭탄보다 더 많은 10만 명의 사상자를 기록하였다.

B-29 전략폭격기. 미국만이 보유한 무기로 적국에게 공포의 대상이었다.

이러한 대량파괴 무기에 대한 일본의 대응은 무조건 항복 이외는 없었다. 히로시마, 나가사키의 원자폭탄 이전에 이미 일본 정부의 결심은 굳었다. 고노에 후지마로 왕자는 "근본적으로 평화조약을 맺겠다는 결심을 하게 된 것은 장기간 이루어진 B-29 폭격 때문이었다"라고 말했다.

적이 가지지 못한 첨단무기를 가진다는 것은 분명 적에게 큰 부담이며, 엄청난 협상 카드이다. 북한 김정일이 남한이 정치적, 외교적으로 보유할 수 없는 핵무기를 보유하여 세계에서 가장 가난한 나라의 통치자이며, 재래식 무기에서 열세임에도 남북 협상, 대미 협상에서 우위를 점하고 있는 것도 이러한 전략(상대가 가지지 못한 무기를 가져라)의 효과이다.

(7) 적이 대응수단을 갖지 못한 무기를 갖는다

1, 2차 세계대전 당시 영국을 한때 굴복 직전까지 몰고 간 독일의 U-보트는 전파탐지기, 해면 탐색 레이더, 수중 음파 탐지기(소나), 해상초

계기가 나오기 전까지 마땅한 대응수단이 없는 영국을 속수무책으로 만들었다. 독일의 잠수함 건조비와 연합국의 대잠세력과 상실된 상선의 건조비율은 1:15였으며, U-보트 1척을 공격하기 위해서 연합국은 평균 25척의 수상함과 100대의 항공기를 동원해야만 했다. 미국과 같은 첨단기술과 거대 공업력을 가진 우방의 도움이 없었다면 영국은 항복에 이르렀을 것이다. 일단 바다 깊숙이 들어간 잠수함은 지금도 그 탐지가 쉽지 않다. 과거 소련이 핵잠수함을 중심으로 해군력을 건설한 이유도, 북한이 수상함 건조는 포기하고 잠수함 세력에 집중하고 있는 이유도 바로 잠수함 특유의 은밀성 때문이다.

북한이 휴전선의 갱도 속에 배치한 장사정포도 빈약한 정확도에도 불구하고, 서울을 사정거리에 두고 있다는 정치적인 문제와 아직 뚜렷한 사전 대응수단이 없다는 기술적인 문제로 북한은 저렴한 투자로 높은 전략적 효과('서울 불바다' 발언)를 보고 있다.

1996년 동해안에서 그물에 걸려 좌초된 북한 잠수함. 구식 잠수함조차도 탐지가 어려운 것이 현실이다.

(8) 정보에 투자하라

손자병법 중 가장 유명한 문구 '지피지기면 백전불태(知彼知己, 百戰不殆)라.' 이는 정보의 중요성을 간파한 손자의 선견지명이 담긴 경구이다. 적의 위치를 모르면서 어떻게 적을 공격하며, 적의 의도를 모르고 어떻게 작전을 수립할 수 있을까? 당연히 정보수단의 획득에 투자가 우선해야 하나, 대부분의 국가에서는 무기 도입이 우선이다. 이는 화력과 숫자에 대한 맹신의 결과다.

김정일은 자신의 위치와 이동경로가 알려지는 것을 극도로 꺼린다. 자신의 위치가 확인만 되면 스텔스기로 얼마든지 자신이 당할 수 있다는 두려움이다. 북한이 미국만을 두려워하는 이유는 미국의 정보 획득 능력과 타격 능력이다. 적이 자신의 일거수일투족을 훤히 손바닥 보듯이 보고 있다면 그것처럼 불안한 상황도 없을 것이다.

미국은 이라크 전쟁시 스텔스기와 토마호크 미사일 등 총 50회의 공습으로 사담 후세인을 제거하려 했지만, 결국 실패했다. 세계 최고의 첨단무기도 제대로 된 정보가 없다면 아무 쓸모가 없으며 오히려 아까운 돈만 날리고, 가공할 스텔스기도, 토마호크 미사일도 그 존재 의의가 없다는 것을 깨닫게 해주었다. 일본의 패망 원인은 정보에 대한 경시로 미군은 일본의 암호를 모두 해독하여 일본의 의도를 이미 알고 전투를 시작하나, 일본은 미국이 자신들의 암호를 도청했다는 사실조차 모르고 전투에 돌입한 예가 무수하다.

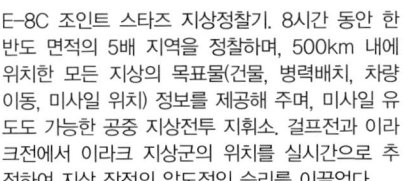

E-8C 조인트 스타즈 지상정찰기. 8시간 동안 한반도 면적의 5배 지역을 정찰하며, 500km 내에 위치한 모든 지상의 목표물(건물, 병력배치, 차량 이동, 미사일 위치) 정보를 제공해 주며, 미사일 유도도 가능한 공중 지상전투 지휘소. 걸프전과 이라크전에서 이라크 지상군의 위치를 실시간으로 추적하여 지상 작전의 압도적인 승리를 이끌었다.

정찰 위성 1대와 맞먹는다는 고고도 무인 정찰기 글로벌 호크. 2012년 전시작전권 환수에 따른 정보자산 공백을 메울 핵심 정보 전력이나, 4대 도입에 2,000억 원이 소요되는 예산 문제로 2015년에나 도입한다고 한다. 3년간은 미국에게 정보를 의존해야 하는 불안한 전시작전권 행사기간을 보내야 한다. 39조 원을 들여 사정거리 40~80km의 전술 포병 무기는 과감히 도입하면서 2,000억 원의 예산이 없어 정보 자주권을 포기해야 한다. 이는 정보 경시 사상과 숫자와 화력에 대한 맹신의 결과이다.

이렇게 정보 수집기, 정찰기의 잠재력은 가공할 만하나, 대부분의 국가에서는 전차, 포, 전투기, 전투함과 같은 화력무기에 비해 도입의 우선순위가 항상 밀린다. 화력은 강하나 적의 목표를 찾지 못하는 장님이라면 그것만큼 비효율적인 예산의 우선순위 할당이 어디 있겠는가? 물론 고가의 장비에 대한 예산의 부담이 되나, 한국 육군처럼 2020년까지 39조 원을 들여서 대포, 로켓포를 들여오면서 정작 2조 원이면 충분한 지상정찰기(조인트 스타즈) 4대 수입에는 예산이 없다는 것은 뭔가 순서가 바뀐 것 아닐까? 스스로 적의 타깃을 찾지 못하면서 39조 원을 들여 세계 2위의 포병 화력을 갖추는 것이 과연 무슨 의미가 있는지 묻고 싶다.

4. 건전한 전략을 방해하는 요소

(1) 정치논리

남미가 광대한 영토, 풍부한 지하자원, 많은 인구, 우호적인 안보 환경(특별한 주적이 없음)을 보유했음에도 불구하고, 경제대국이 되지 못하는 이유가 무엇일까? 어떤 이는 정치 혼란을 지목하기도 한다. 정국 혼란으로 일관된 정책이 나올 수 없다고 한다. 또 어떤 이는 극심한 빈부격차를 지적하기도 한다.

남미의 경제가 망가진 근본적인 이유는 경제를 경제 논리대로 운용하는 것이 아니라 그때그때의 정치논리, 그것도 최악의 정치논리인 포퓰리즘(populism)에 의해 경제가 운용된다는 것이다. 자원을 효율적으로, 전략적으로 계획성 있게 분배하기보다는 당장의 선거에서 지지를 얻기 위해서는 가장 다수를 차지하는 빈곤층을 겨냥한 선심성 공약이 남발되는 것이다. 박정희의 개발 독재처럼 한정된 자원을 기업에게 몰아주어 그 기업들이 세계적인 경쟁력을 가지면, 안정되고 고임금의 일자리를 창출하여 궁극적으로, 오히려 더 많은 빈곤층을 중산층으로 만들었을 것이다. 하지만 이러기 위해서는 지금 당장이 고통스럽고 힘들다. 그리고 결과도 불확실하고 당장 선거를 목전에 둔 정부로서는 부담스러운 정책이다.

경제논리는 사실 냉혹하다. 공장에서 생산하는 물건이 시장에서 필요가 없고 이익을 못 내면, 그 공장은 즉각 폐쇄하여야 한다. 거기서 종사한 사람은 다른 일자리를 찾아보아야 한다. 만약 공장을 계속 가동한다면 창고에는 재고만 쌓일 것이다. 판매는 안 되고 물건을 만들기 위해서 원료는 계속 사야 한다면, 적자는 불을 보듯 훤하다. 문제는 공장이 소규모도 아닌 몇 십만 명을 고용한 공장이고, 거기에 딸린 식구들은 물론 하청업체까지 포함하여 수백만 명이라면 문제는 심각해진다. 경제논리대로라면 문을 닫든가, 다른 회사로 팔려야 하지만 현실은 그리 간단치 않다.

언론은 일을 이렇게 만든 정부와 정치권을 탓할 테고 여론을 의식해야 하고, 다음 선거를 의식해야 하는 정치가로서는 이 문제를 경제논리로 해결한다고 하면 큰 정치적 데미지를 입을 것이다. 따라서 문제를 해결하기보다는 덮어버리거나, 아니면 미루거나, 아니면 금융지원으로 연명을 하려하거나 할 것이다. 하지만 자생력이 없는 회사에게 이러한 금융지원은 마치 뇌사자에게 산소마스크로 무의미한 삶을 연장시키는 것에 불과하다. 그 회사가 경쟁력이 있지만 단기적인 유동성 위기라면 이 금융지원이 후에 회수가 가능한 투자가 되겠지만, 그 회사의 기술력이 이미 경쟁에서 살아남기 힘들고, 그 회사의 아이템이 이미 시장에서 매력이 없다면 금융지원은 밑 빠진 독에 물 붓는 격이 되어 결국 은행도 망하고, 기업도 망하고, 정부의 신용도도 떨어지게 된다. 그리하여 국가의 화폐가치가 폭락하여 결국 국가 부도로까지 이어져 국민 전체가 그 짐을 떠안는 것을 IMF 구제금융을 받은 나라에서 심심치 않게 찾아볼 수 있다.

여기서 말하는 정치논리는 건전한 정치논리, 합리적인 정치논리, 대국적인 정치논리를 의미하는 것이 아니라, 바로 포퓰리즘을 의미하는 것이다. 포퓰리즘이란 대중의 인기에 영합하는 것이다. 욕먹는 정책은 뒤로 미루고 당장 듣기 좋은 정책만 내놓는다. 경제가 어려울 것이니 허리띠를 졸라매자는 말보다는 일단 선심정책으로 지지율만 얻으려 한다.

하물며 정치의 연장인 전쟁은 이러한 포퓰리즘 정치논리에 더욱 더 취약하게 노출되어 있다. 전쟁에서 정치논리는 경제에서의 정치논리만큼 치명적이다. 가장 승패에 큰 영향을 미치고 누구도 제어를 할 수 없는 거대한 파도와 같다(잘못하면 '공공의 적'으로 몰리기도 한다). 이러한 정치논리에 빠지지 않으려면 중우정치에 빠져서는 안 되며, 정치인은 전쟁을 정치논리의 시각에서 보려는 유혹에서 벗어나야 한다.

나폴레옹 전쟁

나폴레옹은 전략, 전술의 천재이고 수많은 전투를 역사에 길이 남을 만한 대승으로 거두었지만, 결국은 몰락했다. 많은 전문가들은 한때는 전 유럽을 호령한 나폴레옹이 궁극적으로 당대에 몰락한 원인에 대해 여러 이유를 제시한다. 프랑스만의 무기와 전술을 동맹국도 도입하였다든지, 영국의 대륙국가에 대한 금융지원, 스페인, 러시아 원정의 실패 등등…. 사실 나폴레옹이 영웅이 된 이유는 주변 강대국의 침략으로부터(선전포고는 프랑스가 먼저 했지만) 다른 군대가 모두 고전을 면치 못할 때 나폴레옹은 새로운 전쟁방식으로 연전연승하여 프랑스 혁명을 지켰기 때문이다. 나폴레옹은 전쟁을 통하여 프랑스를 살렸고, 경제적 이익과 사회안정을 가져다주었다. 하지만 "혁명정부가 전쟁을 시작하면 혁명은 군인 독재의 손으로 넘어가게 되리라"는 로베스삐에르의 예언처럼 나폴레옹은 군인으로서 만족하지 않고 전쟁에서의 승리를 정권 획득에 이용하면서 쿠데타를 거쳐, 결국 황제의 자리에 올랐다. 전쟁은 권력을 쟁취하기 위한 디딤돌이었다.

자신도 고백하듯이 별 볼일 없는 가문에, 왕족의 피도 섞이지 않은 그가 권력을 잡고 황제가 되기 위해서는 국민들에게 어필할 무엇이 필요했든, 나폴레옹은 화려한 군사적 승리를 그 수단으로 생각하였다.

"나의 권력은 나의 명예에 유래하고 나의 명예는 나의 전승(戰勝)에 유래한다. 그러므로 나의 권력은 그 기반으로서 새로운 명예와 전승을 계속하지 않으면 무너지리라. 정복이 나의 현재를 만들고 정복만이 이 현재를 유지할 수 있다"

라는 나폴레옹의 고백이 그의 전쟁 원인과 배경을 설명해 준다. 이제 전쟁은 군인이 아닌 정치가의 손에 의해 좌우되면서 국가를 외적의 침입으로부터 구하기 위한 군사 활동이 아니라, 자신의 정치적 이상, 목적을 획득하기 위한 수단으로 전도되었다. 즉, 군사적 승리 그 자체를 얻기 위한 전쟁이 계속되었다. 국가의 이익을 위해서, 비즈니스를 위한 전쟁이 아니라 포퓰리즘에 영합하여 국민에게 잊어버릴 만하면 한 번씩 전쟁을 일으켜 승리를 안겨다 주어야만 자신의 비정상적인 지위를 유지할 수 있는 악순환에 빠진 것이다. 끊임없이 주변국을 자극하고, 주변국을 모두 적으로 만들었다. 예를 들어 영국에게 있어 인도는 생명선이요, 젖줄이다. 따라서 영국의 대외정책, 군사정책은 인도와의 안정적인 교류 및 무역에 맞추어져 있음을 익히 알면서도, 나폴레옹은 영국과 인도와의 무역로를 위협하는 정책으로 영국을 자극하였다. 영국뿐만 아니라 오스트리아, 러시아, 프러시아에게도 시종 고압적이며 분노를 유발하는 외교정책으로 일관하였다.

나폴레옹 전쟁 초기에 민중들은 경제적인 이해관계에 의해 전쟁에 협력적이었다. 프랑스의 인구증가와 생산수단과의 간격에 따른 높은 실업률과 연속된 흉작은 프랑스 혁명의 원인이었으며, 전쟁은 이러한 실업을 흡수할 수 있었고 집에서 반둥대던 청년들을 합법적인 생활인으로 만들었다(프랑스에서는 1871년까지 부자들은 돈을 주고 사람을 사서 자신의 병역을 대신하게 하는 제도가 합법화되었다).

흔히 나폴레옹 몰락의 시작은 스페인 원정의 실패(20만 명을 투입하고도 결정적인 승리를 얻지 못함)이고 몰락의 완결판은 러시아 원정의 실패라고 하는데, 이 두 가지 전쟁의 원인은 모두 무리한 대륙 봉쇄령이다.

영국과 대륙은 이미 무역으로 상생하는 관계인데(대륙은 영국 식민지 산물의 3/4과 영국 공업 제품의 1/3을 수입), 무력으로 이를 막자 밀수는 성행하고 커피, 코코아, 향료, 원면과 같은 영국 식민지에서 오는 상품의 가격은 10배까지 폭등하였다. 그리고 산업의 원료도 영국을 통해서 수입하였는데, 이의 가격이 폭등하니 프랑스 자국 산업을 보호하겠다는 취지의 대륙 봉쇄령이 오히려 프랑스 산업 자신도 피해를 입었다. 프랑스는 대륙에서 수입하는 영국산 면직물을 대체할 가격경쟁력을 갖추지 못했고, 영국이 대륙에 공급한 기호품을 대신 공급할 수는 더욱 없었다.

대륙 봉쇄령의 고통을 견디지 못하는 국가는 다시 전쟁에 나설 수밖에 없으니 다시 전쟁 수요가 일어났다. 전쟁이 나폴레옹을 황제로 만들어 주었지만 나폴레옹은 지위를 유지하기 위해 다시 전쟁을 필요로 했고, 이를 위해 전쟁의 원인을 제공할 만한 외교정책으로 일관했다.

나폴레옹이 정권을 잡고 사회는 혁명의 광기와 혼란에서 안정을 찾았고, 경제는 번영했으며, 인구는 늘었다(10년간 200만 명이나 늘어 1814년 2,900만 명). 대외적으로 프랑스를 가볍게 볼 나라는 없었고, 그야말로 유럽 대륙의 맹주였다. 이쯤 되면 비스마르크가 독일 통일 이후에 펼친 외교노선처럼 주변국을 달래면서 패권보다는 중재자를 자처하는 조정자의 역할을 했다면 프랑스는 얼마든지 전쟁 없이 번영을 구가했을 것이다. 하지만 나폴레옹은 국익이 아닌 자신의 정치적 이익을 위해 전쟁을 끊임없이 일으켰다.

모든 국가를 적으로 만든 상태에서 군비 수요는 끊임없이 요구되었고, 산업혁명을 먼저 시작하고 해가 지지 않을 만큼의 광대한 식민지를 가진 영국의 대륙 국가에 대한(반 나폴레옹 동맹) 두둑한 군비 지원을 프랑스가 지속적으로 감내하는 것은 애당초 불가능하였다.

만약 나폴레옹이 전쟁을 최소로 하고, 군비에 할당할 예산을 농민 생활안정에 투입했다면 하는 아쉬움이 있다. 프랑스 대혁명도 결국 빵의 문제에서 시작된 것이 아닌가? 소수의 귀족이 광대한 토지를 소유하면서 면세의 혜택을 누리고, 왕실의 사치, 경제성 없고 명분 없는 전쟁(미국 독립전쟁)에 요구되는 엄청난 군비의 부담을 농민에게 전가시키니 농민들은 땅을 잃고 도심의 빈민층을 형성하여, 제3 신분(부르주아)의 선동에 적극 가담하여 대혁명으로 치달은 것이 아닌가?

나폴레옹은 긴 시간을 요구하는 경제 정책보다 당장 눈앞에 보여줄 수 있는 쇼(Show)를 추구한 것이다. 물론 혁명 기간 동안 귀족에게서 빼앗은 토지를 일반 농민들에게 분배해주고, 이를 우선적으로 보호해주어 농민의 지지와 연대를 이끌어 낸 것과 만연한 실업자를 군대에 흡수하여, 집에서 빈둥대던 청년들을 생활인으로 만들어 이들의 지지를 이끌어 낸 것도 나폴레옹이 전쟁에서 승리하는 원동력이었다. 그러나 이제 너무 빈번한 동원령으로 국민들은 점점 지쳐갔다. 이제는 불하받은 넓은 내 땅에서 농사나 지으면서 좀 편히 살고 싶은데, 나폴레옹은 끊임없이 전쟁을 일으켜 병사를 징발하여 200만 명의 인명피해와 전비 마련을 위해 높은 세금을 거두어 가니 나폴레옹을 바라보는 국민들의 시선이 점점 싸늘해진 것이다(국가 예산의 80%가 국방비). 나폴레옹이란 천재도 자신들이 이익이 될 때는 영웅이지만, 이제 나폴레옹이 자신들의 안정된 생활에 걸림돌이 될 때는 나폴레옹은 그저 독재자일 뿐이다. 나폴레옹은 민중의 지지 덕에 황제가 되었지만, 이는 서로의 이해관계가 일치했기 때문이다. 나폴레옹은 농민에게 땅과 전쟁에서의 횡재할 기회를 주고, 농민은 대신 기꺼이 권력을 주었다.

엘바섬에 유배된 나폴레옹이 탈출하여 다시 황제에 복귀할 수 있었던 이유도 사실은 경제적인 이유가 더 컸다. 나폴레옹이 엘바섬으로 유배되고, 다시 루이 18세의 부르봉 왕조가 들어서면서 귀족들이 권력에 복귀하자 이들은 자신들이 빼앗긴 토지를 되찾고자 했다. 귀족의 땅을 불하 받은 농민들은 당연히 불안해했고, 퇴역 장교 15,000명은 형편없는 연금으로 초라한 생활을 해야 했으며, 20만 명의 제대 군인은 일자리가 없어 방황하고 있었다. 나폴레옹은 이러한 사회 흐름을 읽고 엘바섬을 탈출했고, 민중은 다시 나폴레옹을 받아들였다. 연합국은 다시 반 프랑스 동맹을 맺었고, 워털루에서 패한 나폴레옹은 다시 전비 마련을 위해 높은 세금을 매겼다. 그러자 민중은 등을 돌려 나폴레옹을 다시는 탈출할 수 없는 남대서양의 고도 세인트헬레나로 유배시켰다.

나폴레옹을 황제로 만든 것은 나폴레옹 자신의 의지와 농민, 부르주아와의 경제적 야합이었다. 농민층이 나폴레옹을 지지한 것은 살인적인 인플레이션 진정과 구제도보다 나폴레옹 아래서 자신들의 경제적 지위가 향상되었기 때문이지, 단지 나폴레옹의 군사적 성취에 열광해서는 아니다. 하지만 계속된 전쟁으로 인한 과도한 징병과 중과세로 자신의 이익이 침해당하자 이제는 지지를 거두어 버렸다. 이 얼마나 냉정한 계산인가? 프랑스 농민과 부르주아는 경제적인 이해관계에 따라 나폴레옹과의 결혼과 이혼을 반복했다.

전쟁은 항상 최후의 수단이 되어야 하며, 최소로 해야 한다. 한번 싸워 승리해야지 다섯 번 싸워 승리하면 자신도 망한다. 나폴레옹은 권력 유지를 위한 전쟁을 했으며, 그것도 너무 오랜 동안 하였다. 오랜 전쟁으로 국민은 지치고, 경제도 지친다. 국민을 위한 전쟁이 아닌, 개인의 야심을 위한 전쟁이 얼마나 지속되며, 지지를 얻겠는가?

전쟁은 비즈니스이고, 이를 통해 얻는 것이 더 많아야 하는데, 나폴레옹은 시작부터 프랑스의 경제와 국익보다는 자신과 일가의 부귀영화만을 위해 전쟁을 했으니 결국 국민들로부터 버림받고 프랑스와 유럽에 큰 피해를 남기고 끝났다. 나폴레옹 전쟁은 전쟁의 목적인 경제적 이익이 보장되지 않음에도 단지 정치논리로 전쟁을 한다면 국민들로부터 외면을 받는다는 것과 국민적 합의가 없는 그런 전쟁은 결국 내부로부터 패한다는 것을 보여준 전쟁이다.

2차 대전 독일

2차 세계대전을 일으킨 나치 독일의 전쟁의 원인과 패망의 원인을 추적하다 보면 결정적인 전투에서의 패배 원인이 군사적인 데 있지 않고, 매우 정치적인 논리에 있음에 놀랐다. 나치와 히틀러의 일당 독재, 일인 독재의 체제 하에서 여론이 정치에 영향을 미치지 못했을 거라고 생각하겠지만, 사실 히틀러만큼 여론, 지지율에 예민한 정치가도 없었다. 나치 독일은 경제 대공황이라는 비정상적인 상황에서 탄생한 비정상적인 정당이다. 마치 나폴레옹이 프랑스 대혁명의 산물이라면 나치 정권은 경제 대공황이 낳은 사생아이다.

나폴레옹이 정권 유지를 위해 전쟁을 계속 만들었듯이 나치 정권 또한 전쟁을 통해서 독일 국민의 경제적인 욕구를 채워주고, 이를 통해 정권을 연장해야만 하는 태생적 비극을 가지고 있었다. 다만 쿠데타에 의해서 정권을 잡은 것이 아니라 적법한 절차(선거)를 통해서 정권을 잡았다는 것이 나폴레옹과 다를 뿐이다.

　1차 대전 후 초인플레이션을 동반한 독일의 경제 혼란은 독일 국민의 이성과 희망을 앗아갔다. 나치 선전 장관이던 괴벨스의 경우 고등학교를 수석 졸업하고 명문 하이델베르크 대학에서 문학박사 학위를 받은 촉망받는 인재였다. 그러나 그는 불황으로 은행에서 해고되고, 여자에 버림받은 신세였다가 히틀러의 연설을 듣고, 그 이전에는 천민 정당이라고 자신이 조롱하던 나치당에 가입(1925년 2월)한 것만 보아도 그 당시 천길 벼랑 끝에 몰린 독일 지식인의 좌절감, 현실 도피 욕구를 이해할 수 있을 것이다. 그 당시 세계에서 가장 문명화되었고 지적 수준이 높았던 독일 국민이 어떻게 히틀러 같은 고등학교 중퇴의 한미한 출신의 정치가를, 그것도 선거로 선출했는지 이해하지 못하겠지만, 이는 우리가 그 당시 독일의 처참한 경제 상황을 이해하지 못했기 때문이다. 그 당시 독일 사회의 절망감은 우리가 상상할 수 있는 것 그 이상으로 심각했다. 가장 문명화되고 선진국이라고 자부하던(노벨상 중 과학관련 수상자를 가장 많이 배출) 국민들이, 1929년 시작된 경제대공황으로 이제 오늘 저녁 끼니를 걱정해야 하고, 아이들은 허기를 채우기 위해 쓰레기통을 뒤지는 가련한 신세가 되었다. 히틀러는 1933년 집권 후 첫 추수감사제 연설을 다음과 같이 끝맺었다.

　"도이치 민족은 이제 더 이상 명예를 잃고, 수치와 자기 파괴의 소심증의 민족, 믿음 없는 민족이 아닙니다. 주여, 도이치 민족은 다시 강해지고, 의지가 강해지고, 견디는 힘이 강해지고, 모든 희생을 감당하는 힘이 강해졌습니다. 주여, 우리는 당신을 멀리하지 않으니, 우리의 싸움을 축복하소서."

이 연설 속에서 히틀러 집권 전 자존심 강하고 일등국민이라고 자부하던 독일인이 경제난으로 얼마나 수치와 자격지심에 빠졌는지 알 수 있다. 히틀러는 실의에 빠진 독일인에게 독일민족은 위대한 민족이며, 결코 굴복해서는 안 된다. 현재의 혼란은 모두 잘못된 베르사유 체제와 국제 유태인의 음모 탓이니 베르사유 체제와 유태인을 타파하면 독일은 다시 위대한 민족이 될 수 있다고 호소했다.

당시 독일인에게는 기성 정치의 목소리와 뻔한 정책은 그들에게서 들리지 않았고, 빨리 이 지긋지긋한 세상을 벗어나게 해준다면 어떤 정치체제도 기꺼이 받아들일 분위기였다. 이제 중도는 없고 극좌, 극우만이 있어, 공산주의냐 극우 파시스트냐를 결정해야 했다. 한마디로 이성이 통할 수 있는 사회가 아니었다. 그 이전까지만 해도 천민 정당이라고 업신여기던 나치 정당은 이러한 사회분위기를 틈타 사회구성원의 간지러운 부분을 긁어주는 슬로건과 정책으로 인기를 얻었다. 노동자에게는 일자리를, 자본가에게는 공산주의로부터의 보호(그 당시는 독일이 극우냐, 아니면 공산주의냐를 결정해야 할 정도로 좌익의 기세가 대단하였다), 군에게는 재무장을 약속했다.

1933년, 히틀러가 정권을 잡을 당시 독일 국민 90%가 빈민 상태였다. 국민의 당면한 요구인 실업문제와 경제 회생을 위한 가장 빠르고 편한 방법을 택했으니, 바로 공공사업 확대와 전시 경제였다. 일자리 만들기를 위해서 바이마르 공화국 시대에 논의만 되고 실행되지 못한 아우토반 건설을 시작하고 신도시 건설 계획, 주택공급, 간척사업, 조림사업, 강물 줄기 조정 사업같은 공공사업으로 실업자를 흡수하는 한편, 공공투자와 민간투자의 유인을 위한 각종 세금 감면, 보조금 지급 등으로 경기를 활성화시켰다. 심지어는 결혼한 여성이 직장을 그만두면 상여금을 주어 그 빈자리를 남성이 채우도록 하였다.

이에 병행하여 재무장으로 젊은이를 군으로 흡수하고 이를 무장시키기 위해 대규모 무기를 발주했다. 군수업체와 관련 산업은 엄청난 정부 발주로 공장이 가동되고 노동력이 필요하여 집권 3년 만에 완전고용을 달성하였다. 이는 군수산업과 공공사업을 결합한 경제정책의 결과였다. 당시로서는 기적이었다.

하지만 이러한 완전고용은 환상이요, 사상누각이었다. 우선 재무장을 위해 많은 무기를 만들기 위해서 자원 빈국인 독일은 철광석을 비롯한 많은 자원을 수입하여야 하는데, 이는 외화보유고의 감소를 초래하여 1937년 말 독일의 외환보유고는 고작 7,400만 라이히스마르크밖에 없었고(1928년의 잠깐 호경기 시절의 3% 수준), 원자재는 바닥을 보이기 시작하였다.

1938년 3월, 독일은 영국의 묵인 하에 오스트리아를 강제 합병하였다. 표면적으로는 흩어진 독일민족을 하나의 국가로 통합하는 것이라고 선전했으나, 오스트리아를 합병하고 가장 처음 취한 행동은 오스트리아가 비축한 외화와 유동자산을 독일로 긴급 수송하는 것이었다.

산업에 필수적인 천연고무조차 외환 부족으로 수입을 못할 정도의 외환위기 상황에서 오스트리아의 합병은 외환위기 탈출 수단이었다. 그러나 1938년 무역수지가 적자로 다시 돌아서자 공업생산은 순식간에 위축되었다. 무역적자로 외환위기에 직면한 것이다. 이어 체코를 강제적으로 합병하였다. 지금도 체코제 권총하면 명품으로 통할 정도로 체코는 공업이 발달한 부유한 나라였다. 체코 합병으로 독일은 다시 외환위기를 넘겼다.

한편, 독일 국내에서는 유대인 사회가 약탈의 대상이 되어 '유대인 배상금'이라는 명목으로 10억 라이히스마르크를 지불하도록 강요했다. 집권 초 유태인 공무원, 의사, 변호사, 과학자, 교수, 예술계 인사 6만여 명을 직장에서 몰아내고 그 자리를 독일인으로 채우고도 모자라 유대인의 재산을 강제로 약탈한 것이다. 유태인 탄압의 본질을 이해하는 대목이다. 나치는 유태인에게서 빼앗은 직장과 재산으로 독일인에게는 선망의 직장을, 독일 경제에는 영양제를 주사한 것이다.

유태인 탄압은 단순히 독일 국민들의 반 유태인 정서에 편승하여, 정치적 희생양이 되었다는 정치적인 견해도 있었지만(독일 국민이 반 유태 정서를 가지고 있었으니, 반 유태인 정책은 지지율 상승에 도움이 된다는 논리), 경제적인 논리 또한 만만치 않다. 나치는 집권 초 유태인을 각종 공직에서 추방하였다. 어제까지 자신들의 동료였던 유태인이 직장에서 그만두게 되었지만 어느 누구도 이러한 정책에 항의하거나 데모하는 독일인이 없었다는 것은 그 당시 유태인에 대한 사회적인 분위기를 알 수 있고, 그만큼 안정적인 일자리 앞에서 인간이 얼마나 나약하고 이해타산적일 수 있는지를 보여준다. 심지어 질소를 인공적으로 대량생산하여 인류를 기아로부터 구원해준 독일 최대의 국립 연구소인 빌헤름 카이저 연구소장 프리츠 하버*) 박사도 유태인이라는 이유로 노벨 수상자임에도 불구하고 쫓겨났지만, 이에 대해 히틀러를 찾아가 구명운동을 벌인 독일인은 플랑크 상수로 유명한 노벨 물리학상 수상자 막스 플랑크 정도였다.

나치 독일 경제의 또 다른 문제는 농산품 가격이었다. 당시 독일인은 주변국보다 농산물 가격이 2배 정도 높았고, 버터는 덴마크보다 2~3배 비쌌다. 이는 농민의 이윤 보장과 자급자족 농업경제를 위해 수입을 제한한 결과이기도 하지만, 농촌의 많은 젊은이가 군대로 또는 일자리를 위해 도시로 이주한 결과이기도 하다. 또한 고속도로와 신도시 건설, 50만 호 주택 공급으로 농지가 부족한 것도 원인이었다. 당시 독일은 공공 재

*) 프리츠 하버 : 화학으로 인류에 최고의 기여를 한 20세기 화학의 천재. 과학으로 인류를 기아로부터 구했으니 노벨상 취지에 이보다 더 부합되는 과학자가 있을까? 식물의 성장에 필수적이지만 대기 중에 강하게 결합되어 쉽게 얻을 수 없던 질소를 대량생산하는 방법(대량생산을 위한 최적의 조건과 촉매제 발견)을 알아내어 인류를 기아로부터 구하고 멜더스의 인구론을 수정케 했다. 하버 이전에도 공기 중에서 질소를 분리해내는 방법은 알려졌으나, 이를 대량생산하는 비밀을 밝혀낸 인물이 하버이다. 만약 질소비료가 없다면 현재 인구 중 20억은 식량 부족으로 사망해야 하며, 인류가 얻고 있는 단백질의 1/3은 바로 인공 질소 비료덕분이다. 질소는 또한 화약의 재료이다. 1차 대전시 독일은 전쟁이 장기화되리라고는 생각하지 못해 칠레 초석(질소 함유)을 다량 확보하지 못했으나, 프리츠 하버 덕분에 질소를 인공적으로 무한정 얻을 수 있어 탄약의 부족을 해결하였다. 연합국은 1차 대전 내내 이 비밀을 알아내려 온갖 방법을 동원했지만, 결국 종전이 되어서야 알 수 있었다. 열렬한 군국주의자이자 애국자인 하버는 독가스를 개발하는데 앞장섰고(같은 과학자인 아내가 이를 반대하며 자살함에도 불구하고), 결국 그가 개발한 독가스로 자신의 민족인 유태인이 독가스로 학살당했다니 역사의 아이러니다.

정 확대로 통화가 많이 풀린 상태에서 인플레이션을 억제하기 위해 임금을 동결시킨 상태이다. 임금 동결 상태에서 농산물 가격의 상승은 실질임금의 감소를 초래한다. 이는 가정의 소비심리의 하락을 가져와 1938년 1인당 국민 소비는 1929년 이전의 수준으로 떨어졌다. 임금을 올려주자니 기업은 당연히 적자 보전을 위해 공산품 가격을 올릴 테고, 이는 인플레이션을 유발할 것이다. 그렇다고 계속 임금을 억제하자니 국민들의 생활수준은 점점 더 떨어질 것이다.

사실 농산물을 수입하려고 해도 외화도 부족한 상태였으니 독일 경제는 진퇴양난이었다. 그렇다고 국민들에게 생활수준을 낮추어 가면서 살라고 언제까지 요구할 수는 없다. 완전고용으로 스타가 된 인기 절정의 히틀러로서는 당연한 부담일 것이다.

더구나 무기생산을 위해 통화의 발행 대신 정부가 보증하는 메포 어음(Mefo bills)이란 어음형태로 군수물자 생산을 꾸려 왔는데, 만약 독일이 외환위기에 처한다면 정부의 재정능력은 붕괴되어 정부가 보증한 메포 어음(1939년까지 총 120억 라이히스마르크 발행)은 순식간에 휴지조각이 되어 이 어음을 가진 개인과 회사는 파산을 피할 수 없고, 그 결과 연쇄도산으로 독일은 다시 경제 대공황에 빠져들 수밖에 없다.

히틀러가 아직 전쟁 준비가 안 되었다는 군부의 극심한 반대에고 불구하고 1939년 무리하게 폴란드를 침공할 수밖에 없는 이유는 바로 이러한 경제파탄을 피하기 위한 선택이었다. 외환위기, 실질임금 하락으로 인한 소비수준 감소, 시한폭탄과 같은 메포 어음(미국 금융 위기를 가져온

서브프라임 모기지 채권을 연상하면 이해가 빠를 것임)이 복합적으로 상승작용을 일으켜 나치 독일은 경제파탄이냐, 아니면 이러한 문제를 일거에 해결하기 위한 전쟁이냐 하는 기로에서 더 이상 선택의 여지가 없었다. 전쟁은 생활권(히틀러가 말하는)의 확대로 점령국 농산물의 강제 징발을 통한 농산물 가격안정과 외환위기 극복, 지하자원 탈취, 군수경제의 지속으로 붕괴 직전의 경제를 탈출시킬 수 있는 만병통치약이다.

실업대책과 빠른 경제 회생을 위해 히틀러는 정도를 걷기보다는 당장 눈에 보이고 효과가 빠른 강력한 진통제를 맞았다. 하지만 강한 진통제는 그 안에 마약 성분이 있듯이, 이러한 효과를 유지하기 위해서는 진통제를 계속 맞아야 했다. 인접 국가 합병과 전쟁이라는 진통제를. 사정이 이러하니 국가 정책이나 전쟁 수행 모두가 정치논리였다. 당장 국민들에게 뭔가를 보여주어야 하는 강박감, 합리적인 대안보다는 선전 논리, 대국민 기만 논리가 전쟁 전체를 지배하였으니 합리적인 작전보다는 무리한 공격, 무의미한 지역 방어로 인한 무의미한 병력 손실을 반복한 것이다. 스탈린그라드의 참화, 기습의 효과를 상실한 쿠르스트 전투의 무리한 강행이 바로 정치논리에 의한 군사적 패배의 예이다(더 자세한 설명은 뒤의 질의응답에서 설명하겠다).

1차 대전 독일의 실패 원인

제1차 세계대전 독일은 슈리펜 계획에 의거하여 동원 속도가 느린 러시아는 뒤로 미루고 프랑스를 먼저 공격하기로 되어 있었다. 이 계획의 핵심은 독일군의 병력 배치에 있어서 우익 대 좌익의 비율을 7:1로 두어 좌익은 의도된 후퇴를 통하여 적을 유인하여 측면과 배후를 노출시키고 주력인 우익으로 프랑스의 측면, 배후를 포위하는 구상이었다. 하지만 이 계획은 정치논리에 의해 실행되지 못했다.

보불전쟁(프러시아와 프랑스의 전쟁으로 여기서 승리한 프러시아는 알라스, 로렌 지방을 전리품으로 얻고 독일을 통일함)으로 어렵게 얻은 알사스-로렌을 포기한다는 것은 자존심 강한 독일 황제에 의해 거부되어, 독일 남부 지방의 포기를 통한 적의 유인이라는 군사 작전은 정치논리에 의해 난도질당하여 우익 대 좌익의 비율은 7:1에서 3:1로 낮아졌다. 이는 좌익의 후퇴가 전제된 슐리펜 계획의 포기를 의미하며 좌익이 강화되어 적을 함정에 깊숙이 빠뜨리지 못하고, 오히려 영토를 지키기 위해 프랑스군을 적극 공격하였다.

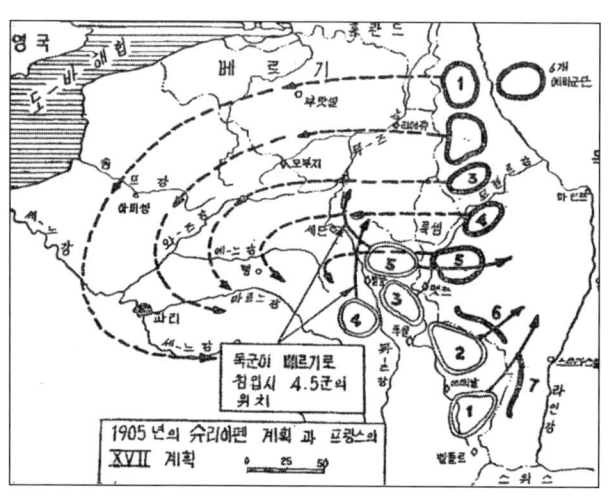

슐리펜 계획에 의하면 프랑스 군의 주공인 독일 남부 알사스-로렌 지방을 내어주어 적을 독일 남부로 깊숙이 끌어들여 프랑스의 측면, 배후를 노출시키고, 독일군은 벨기에, 룩셈부르크를 크게 우회 기동하여 프랑스군을 포위하려고 했다.

좌익이 강화된 만큼 우익은 약화되어 정작 적을 포위하기 위한 병력이 부족하게 되었다. 결국 칸내(Cannae)전투의 재판으로 프랑스군을 완전 포위하려던 작전은 정치논리에 의해 어정쩡한 작전이 되어 참호전으로 이어진 단초를 제공하였고, 독일은 동서 양면전에 말려들었다.

쿠르스트에서 소련군이 방어에 성공한 이유

일반인에게는 생소한 소련의 중부에 위치한 도시 이름. 쿠르스트를 중심으로 툭 튀어나온 돌출부를 공격하는 독일군, 방어하는 소련군 사이에 국가의 운명을 건 역사상 최대의 전차전이 벌어진 곳. 이 돌출부를 성공적으로 방어한(비록 많은 피해를 입었지만) 소련군은 이후로 전장의 주도권을 완전히 쥐고 베를린까지 연전연승한 반면, 독일군은 모든 전차 예비대를 고갈시켜 동부전선에서 종전시까지 수세에 몰렸다(히틀러의 무모한 현지 사수 명령도 큰 일조를 했지만). 쿠르스트 작전(1943년 7월 3일 ~1943년 7월 13일) 실패의 원인을 흔히 독일군의 물량적인 열세, 히틀러의 공격개시 지연으로(신형 전차 투입을 위해) 소련군이 이미 공격에 대비하여 돌출부에 거대한 대전차 요새를 만들어 독일군의 장점인 기갑사단이 제 역할을 못한 것이 원인이라고 하지만, 이는 단순히 표면적인 분석이다.

쿠르스트 전역에서 독일군이 패한 원인은 히틀러의 어리석은 판단(더 완벽한 준비를 위해 준비의 기습에 실패)보다는 소련군의 변화가 더 큰 원인이다. 쿠르스트 이전에도 독일군은 항상 수적인 열세 하에서 싸웠고, 쿠르스트 자체가 스탈린그라드처럼 도심 시가지가 아닌 드넓은 들판이었기에 전혀 낯선 전투 환경은 아니었다. 그럼 이전은 소련군과 쿠르스트 전에 참가한 소련군은 어떤 차이가 있었기에 독일이 모든 국력을 기울여 준비한 거대한 공격을 막아낼 수 있었을까?

가장 큰 원인은 바로 정치논리에서 합리적인 군사논리로의 전환이다. 1937년 대규모 군 숙청 이후 정치위원(특히, 정치지도위원)이 군을 전면적으로 지배, 감시하여 소대 단위까지 정치장교가 파견되어 군 지휘권이 완전히 정치에 종속되었다. 이로 인해 군의 독립성은 말살되어 지휘관은 극단적으로 몸을 사렸다. 군 숙청 기간 중 소련군 장교 80%가 숙청되는 것을 보고 군사적 합리성과 전문성에 근거한 부대 운용보다는 정치장교의 눈치를 보면서 목숨 부지에 급급하였다. 정치장교의 시각에서 군 지휘관의 행동이 당 노선에 위배된다고 간주되면 본인은 물론이고 그 가족까지 모두 수용소행이었다. 하지만 1943년부터 스탈린이 자신이 직접 통제하던 군사지휘권을 전문 직업군인에게 넘겨주면서 소련군 최고 지휘관들은 군대에서 정치 이념을 배제시켜 나가, 정치장교(NKVD)를 군에서 몰아내고, 군인이 주도권을 쥐도록 하고 권한을 부여하였다.

이는 대단히 혁명적인 변화이다. 과거에 정치지도위원이 군을 지배할 당시에는 작전 명령에도 정치지도위원의 승인이 필요하였다. 각 부대 지휘관은 군사적 합리성에 의해 작전을 지휘하는 것이 아니라 정치지도위원의 비위(당 노선)에 맞게 작전을 수립하였다. 정치지도위원이 원하는 작전이란 공산당의 지침, 스탈린의 지침으로 "무조건 목숨을 걸고 사수하라", "무조건 공격, 무조건 탈환하라. 희생은 중요치 않다. 이를 어기는 자는 반동, 겁쟁이, 감상주의자로 가차 없이 즉결 처분하라"라는 군사적 합리성보다는 잔혹한 정치논리였다. 이러한 분위기 하에서 군 지휘관에게 창의성, 임기응변, 주도권, 혁신의 자세는 찾아보기 힘들고 정치지도위원의 눈치나 보면서 목숨 유지에 급급하였다. 또한 책임을 면하기 위해 현지 사정은 완전 무시하고 오직 교범집에만 의지한 경직되고 융통성 없는 작전으로 책임을 면하려고만 하였다. 이렇게 하면 패할 수밖에 없고, 큰 희생이 있다는 것을 알면서도 이를 변화시킬 의지도 없고 그렇게 했다가는 나중에 무슨 책임을 질지도 몰랐다. 소련 지휘관이 무서워한 것은 독일군이 아니라 책임에 대한 공포, 정치지도위원의 감시와 추궁이었다. 소련군이 초반에 실패한 이유 중의 하나가 기갑부대를 독일처럼 대규모로 집중운용하지 못하고 잘게 쪼개어 보병부대의 근접 지원에 할당한 것이었다. 투하체프스키 원수(독일군 정보기관의 역정보로 독일 간첩이라는 누명으로 사형)가 수장하던 전차의 대규모 운용은 곧 자신이 투하체프스키와 같은 반역자라는 것을 인정하는 것이었으므로, 독소전 전에 일부러 기갑부대를 분할하였다.

투하체프스키가 간첩이므로 이 천재가 주장했던 모든 이론도 소련에게는 이적행위라는 무서운 정치논리이다. 군 작전에 군사적 합리성은 사라지고 정치논리만 남은 이상 군사적 혁신, 창의력, 임기응변으로 무장한 독일군을 상대하는 것 자체가 이미 패배를 예고한 것이다.

이러한 경직된 분위기 하에서는 혁신이 있을 수 없다. 총대를 메고 나서서 일했다가 나중에 일이 잘못되면 그 책임을 지고 목숨을 내놓아야 했기에, 어느 누구도 문제가 있음을 알면서도 나서질 못했다.

다행히 스탈린그라드 전역의 승리 후 스탈린은 심경의 변화를 일으켜 군 지휘부에게 권한을 위임하면서 자신은 보고는 받되 간섭은 안하고, 오히려 군 지휘관의 의견을 경청하고 이들의 제안에 힘을 실어주었다. 스탈린그라드전까지 스탈린 자신의 고집에 의해 무수한 패배를 경험했기에 이제는 자신의 한계를 인정하고 전문 직업군인의 능력을 인정한 것이다.

이제부터 소련군은 막강한 공업생산력과 모국 러시아에 대한 애국심과 자발성이 결합되어 전혀 새로운 현대군으로 거듭났다.

무기만 현대무기로 무장했다고 현대적인 군인은 아니며, 그 무기를 현대전술에 맞게 사용하여야 진정한 현대적인 군대이다. 이러한 조직의 변화를 바탕으로 소련군은 수많은 개선, 개량, 개혁을 이루어냈다.

우선 투하체프스키가 주장한 전차와 항공기의 집중운용을 시작하였다. 그 전까지는 전차를 분산시켜 보병부대에 배치하였으며, 항공 전력도 전 전선에 걸쳐 소규모 교전에 분산 투입되었다. 이런 이유로 병력은 많고, 무기의 절대적인 숫자는 많지만 분산 운용으로 인해 충격력은 없었다. 하지만 집중이 가능해지면서 독일군이 적은 병력으로 넓은 지역을 얇게 배치한 것을 이용하여 한곳에 집중적으로 기갑부대와 공군을 투입하여 어디든지 돌파가 가능하였다.

무기의 개량도 이어져 모스크바를 구한 T-34의 단점을 보완하였다. 가장 시급한 보완 사항은 무전기였다. 그동안은 무선 통신장비가 없어 지휘관이 명령을 전달하려면 전차를 세우고 구두로 일일이 명령을 전달하

T-34 초기형. 포탑이 작아 보이고 해치가 시야를 가린다.   T-34 개량형. 포탑이 훨씬 커진 것을 알 수 있다.

거나 깃발을 이용했으며, 야간에는 깃발조차도 사용이 어려웠다. 결국 소련군은 우수한 화력, 방어력, 기동력의 전차를 가지고도 무전기가 없어 막상 전투가 일어나면 산발적으로 각 전차별로 전투를 해야만 했기에 지휘관의 통제 하의 조직적인 플레이는 애당초 불가능하였다.

이에 반해 독일군은 전차간의 무선통신은 물론 전투기와의 무선통신을 이용하여 일찍부터 네트워크 중심전을 펼쳐 수적인 열세를 조직력과 현란한 기동, 공군의 지원으로 만회하였다.

그 다음 보완사항은 그 전까지는 포탑이 비좁아 2명의 승무원만 수용 가능하여 전차장이 타깃 선정, 포탄 장전 및 기관총 작동까지 하여야 했기에(독일군은 전차장, 포수, 장전수, 운전병 등 4명으로 구성) 독일군처럼 전차장이 헌터의 역할을 못하여 목표물 선정이 늦어 숫자는 많지만 눈먼 장님이 된 경우가 많았다. 이에 따라 3명을 수용케 하고 포탑을 대형화하여 이를 해결하였다. 생산성에만 초점을 맞추다 보니 운용성은 무시한 결과였다.

다음은 항공 전력의 개선이다.

레닌그라드 방어전으로 일약 공군 총사령관에 임명된 젊은 공산당원 공군장교인 알렉산드로 노비코프는 기술과 조직을 전면 개혁하였다. 전쟁 초기 소련 항공기는 무전기조차 없어서 밀집 편대 비행에 의존해야 했다. 그래서 조직적인 플레이는 불가능하였다. 속력이 느린 폭격기는 8,000피트의 일정한 고도에 가깝게 모여 아무 생각 없이 오직 교범대로 비행을 하여 독일군 대공포의 손쉬운 먹잇감이 되었다. 그나마 대부분의 항공기는 탱크의 운용처럼 전 전선에 걸쳐 분산되어 개개 지상군을 직접 지원케 하여 독일군처럼 특정 돌파 지점에서의 집중적인 운용은 불가능하였다. 이처럼 구식 전술에 의존하던 소련 공군을 노비코프는 전면 쇄신하였다. 우선 공군은 전투기, 폭격기, 지상 공격기로 분류하고 중앙의 긴밀한 통제를 받아 가장 필요한 곳에 집중 투입되어 타격력 강화와 유연성을 동시에 확보하였고, 공대공/공대지 연락을 위한 무선통신을 설치하고 형편없는 정비체제를 뜯어고쳐 신속한 정비가 가능케 하였다. 항공기도 거친 풀밭에서 이륙하게끔 튼튼히 설계하였고, 비행장을 전방에 대규모로 건설하고 연료도 비행장에 비축하여 일일 출격 횟수를 증가시켰다.

그리고 전쟁 초기 가장 큰 문제점이었던 통신체제도 개혁하였다. 전쟁 초기 무선장비의 부족으로 1개 보병사단조차도 통솔이 어려웠으며, 지휘관은 전선에 대해 눈뜬장님이었다. 무선통신은 감청되어 작전계획 및 아군의 위치가 노출되어 독일군에게 기습을 받아 오히려 무선통신 이용을 꺼려 부대 장악은 더욱 어려웠다. 전쟁은 단순히 물량으로 하는 것이 아니라 효율로 하는 것이라는 점을 소련군의 전차, 통신, 항공기 운용을 보면 뼈저리게 알 수 있다.

　1943년은 이러한 무기의 개량, 무기의 운용뿐만 아니라 소련군 지휘관들의 의식도 변화하여 이제는 정치장교의 눈치를 볼 필요 없이 자신이 현장 상황을 판단하여 시의적절한 명령을 과감히 내림으로써 부대 운용에 합리성, 융통성, 신속성을 기하여 이것이 무기의 개량, 무기의 집중운용과 결합되어 이제는 독일군과 대등한 비율의 전차 파괴 능력을 보여주었으며(과거의 6:1에서 이제는 1:1), 전사자의 숫자도 훨씬 줄었다. 이는 그만큼 용병술이 과거의 나란히 줄을 지어 적진지에 정면 돌격하는 자살공격식에서 보다 합리적인 용병술이 자리 잡았다는 증거이다. 이러한 결과 소련군은 쿠르스트 전투를 승리로 이끌고 다음은 바그라티온 작전(1944년 6~8월)에서 오히려 독일군을 작전술 차원의 고도의 기만술로 독일 포위에 성공하는, 이제는 독일군에서 배운 것으로 오히려 독일군을 능가하게 되었다.

　쿠르스트 전투 이후 소련군의 승리를 이러한 시각에서 보아야 하며, 단순히 수적인 우세로 소련군이 승리했다는 결론은 너무 안이하며, 이는 소련군의 혁신에 대한 몰이해이며, 숫자에 대한 함정에 빠진 어리석은 결론이다. 그리고 정치논리가 군 조직을 얼마나 경직되게 하고 비합리적인 결정을 유도하며, 인간의 창의력과 자발성을 억압하는지도 알아야 한다. 독일군이 히틀러의 정치논리에 발목을 잡혀 합리적인 작전을 하지 못해 무의미한 희생을 거듭할 때, 반대로 소련군은 정치논리의 족쇄에서 풀려 눈부신 승리를 구가하였다.

아무리 첨단무기에 뛰어난 전문 직업 장교, 100년에 한 번 나올만한 명장을 가진 군대라 한들 정치논리에 매이면 그 무엇도 힘을 제대로 발휘할 수 없음을 우리는 이미 조선시대 이순신 장군의 백의종군과 이에 따른 칠천량 해전(원균이 이끄는 조선 수군이 칠천량에서 대패)에서 이미 경험하지 않았던가? 정치논리, 이념 앞에서는 모든 과학적 합리성이 억압당하고 자원은 보여주기식 쇼에 우선적으로 할당되어 비효율적인 자원할당을 강요당한다. 효율성이 극대화되게끔 자원 분배의 우선순위를 정하는 것이 전략이라고 볼 때 정치논리는 태생적으로 가장 비전략적이라 할 수 있다.

(2) 도그마와 시대에 뒤떨어진 독트린

화력, 숫자에 대한 맹신, 기동의 소홀

제1차 세계대전에서 승리한 영국, 프랑스 연합군의 육군 최고 지휘부에는 방어가 공격보다 우월하다는 신념과 함께 전쟁의 승패는 기동이 아닌 압도적인 화력이 좌우된다는 도그마에 빠졌다. 4년간의 지루한 참호전과 베르덩 전투로 대표되는 화력전을 경험하였고, 전쟁에서 승리했기에 그러한 결론을 도출한 것은 당연하다.

그들은 세계 최초의 전차를 이미 1차 대전시 독일보다 먼저 개발했고, 1940년 독불 전쟁 당시 독일의 전차 보유대수(2,439대)의 2배에 가까운 4,204대의 전차를 보유했음에도 이 무기의 기동은 소홀히 하고 오직 장갑과 화력만 주목하여 이를 보병의 근접 화력 지원무기로 묶어놓았다. 이러한 전차 운용 사상이 설계에 그대로 반영되어, 보병의 행군속도에 맞추어져 속력은 겨우 시속 20~30km였으며, 연료통도 2시간의 주행분밖에 안 되었다. 무전기도 지휘관의 전차에만 있고, 그마저 배터리의 용량 부족으로 무용지물이 되어 전차간 조직적인 플레이는 꿈도 못 꾸었다. 그저 보병의 안내에 따른 근접 화력 지원 이외에는 어떠한 사용도 제한되었다. 이렇게 기동과 통신을 소홀히 한 전차는 독일군의 침공시 역습을 위한 신속한 이동을 방해했고, 독일 전차와의 전투 중에는 각자 산발적으로 싸워야 했으며, 심지어 막상 현장에 도착하여 전투에 돌입시 연료 부족으로 전차를 포기해야 하는 사태를 야기했다. 전차는 보병 지원용이라는 강한 도그마가 균형 있는 전차 설계(화력, 기동력, 방어력, 통신)를 제한했다.

또한 영국, 프랑스는 전차는 보병의 근접 화력 지원용이라는 선입견으로 인해 전차를 전체 보병 사단에 균등하게 배치하여 전차를 방어전용, 진지전용으로 이용한 반면, 독일군은 전차를 오직 기갑사단에만 배치한 다음, 기갑부대를 돌파의 선봉에 이용하여 전차의 엔진을 공격적으로 이용하였다. 영불 연합군은 전차를 1차 대전 방식으로 사용하였고, 독일군은 수적 열세, 열악한 장갑과 화력의 경전차를 가지고도 전차의 기동성을 이용하여 공격적으로 집중운용하였다. 그리하여 화력의 시대에서 기동의 시대로, 방어전의 시대에서 공격 우위 시대로의 지평을 열었다.

이러한 사례는 독소전에서 소련군에서도 볼 수 있다. 소련군은 T-34

라는 기동성, 화력, 방어력을 고루 갖춘 우수한 전차를 보유했음에도(독일 기갑부대의 아버지 구데리안 장군이 '전차의 이상형'이라고 극찬), 이를 역시 보병 사단에 균일하게 배치, 보병의 근접 지원용으로 분산 운용하였다. 그리고 결정적으로 무전기가 없어 전차간 통신은 깃발(야간에는 이것도 불가능)을 이용하거나 전차 지휘관이 일일이 전차를 세워서 구두로 뒤로 전달식(전투 중에는 이것마저 불가능)으로 운용하였다. 따라서 일단 전투에 돌입하면 각각의 전차는 산발적으로 분산되어 싸워야 했다. 독일 전차는 T-34보다 방어력, 화력에서 열세임에도 무전기를 이용한 네트워크전으로, 전차간 세트 플레이로 T-34의 측면과 배후를 공격하여 수적인 열세를 효율적인 운용의 우세로 만회하였다.

도그마에 빠지면 설사 더 많은 자원을 가지고 수적 우위에 있다 하더라도 이를 비효율적으로 운용하여 결국 적은 자원을 가졌지만 혁신적으로 운용하는 적에게 얼마든지 패할 수 있음을 보여준 사례이며, 숫자에 대한 맹신, 화력에 대한 맹신이 얼마나 허무하고 비효율적인지 보여 준 사례이기도 하다. 아직도 세계 각국이 여전히 보병 중심의 대병력에 집착하고, 대규모 보병의 화력 지원을 위한 대포의 숫자에 집착하고 있다. 하지만 혁신적인 군대는 자발적으로 병력과 화포의 숫자를 과감히 줄이고, 대신 부대를 기계화하여 작지만 신속한 부대로 만들고 있다. 2차 대전에서부터 중동전에 이르기까지 이제는 화력보다는 기동이, 숫자보다는 지휘관의 작전 능력과 효율이 승패를 좌우함을 보여준다.

Ⅲ. 전술론

1. 전술의 목적

알렉산더, 한니발, 나폴레옹, 만슈타인과 같은 역사에 길이 남을 명장들이 남긴 찬란한 승리의 공통점은, 그들은 결코 병력의 숫자나 무기의 숫자에 의지하지 않았다는 것이다. 오히려 병력의 열세, 무기의 열세에도 불구하고 수적으로 우세한 군대를 상대로 압도적인 승리를 일구었다. 그들은 숫자에 집착하는 대신 혁신적인 전술로 싸웠다. 그들의 혁신적인 전술은 천재성에서 나왔다기보다는 치열한 연구정신에서 나왔으며, 적보다 적은 자원을 가졌지만 이를 효율적으로 할당하여 자원의 절대적 열세를 만회하였다.

알렉산더 대왕은 제병과의 유기적인 협동작전으로, 한니발은 기병의 대량운용으로, 나폴레옹은 대포의 집중적 운용으로, 독일군은 전차의 집중적 운용으로 수적 열세, 자원의 열세를 만회하였다. 기병, 대포, 전차에 대한 혁신적인 운용과 집중적인 투자는 전체 병력의 열세를 보상하고도 남았다. 그럼 그들이 적지만 효율적인 투자로 수적으로 우세한 군을 상대하여 연전연승한 그 전술의 공통적인 비결은 무엇인가?

전투의 3요소는 군인, 무기, 지형이다. 군인이 무기를 가지고 전장에 집결해야만 비로소 전투를 논할 수 있다. 물론 전투의 목적은 최소의 희생으로 적을 굴복시키는 것이다. 만약 상대방이 가지고 있는 무기를 무력화시킨다면 적은 이미 폭력수단을 가지지 못한 민간인과 다를 바 없다. 명장들이 구사한 혁신적인 전술의 공통점은 바로 상대가 가진 전술의 약점을 간파하고 그 맹점을 이용했거나, 아니면 자신이 가진 특정부문의 비교 우위(기병, 대포, 전차)를 이용하여 적 무기의 효용을 무력화시킨 것이다.

최고의 전술은 주어진 나의 무기의 효율성은 극대화하고, 적의 무기는 무력화시켜, 결국 최소의 희생으로 최대의 승리를 거두는 체계적인 용병술이다.

최악의 전술은 내 무기의 효율성은 못 살리고, 적 무기의 효율성은 극대화시켜주는 전투 방법이다. 피아 모두 동일한 무기를 가지고 전투를 한다 하더라고 뛰어난 전술로 적 무기의 효율을 떨어뜨리면 적의 전력 지수는 적어지고, 적의 전력이 작아진 만큼 나의 전력 지수는 상대적으로 커지는 것이다. 이것이 **전력의 상대성 원리**이다.

전체 절대 전력(모든 병과의 숫자, 모든 무기 종류의 숫자)이 모두 적을 압도할 필요는 없다. 반드시 나의 절대 전력이 더 강해야만 적을 이길 수 있다는 것은 숫자에 대한 미신이다. 적의 효율성을 떨어뜨려 상대적인 전력 우위를 가지면 그만이다. A부터 Z까지 모든 부문에서 수적 우위를 차지할 필요는 없으며, 한정된 자원 내에서 비교 우위를 가지고 이를 이용하여 적 무기의 효율을 무력화시킨다면 최소의 비용으로 적을 굴복시킬 수 있다.

전술의 역사는 곧 무기 효율의 극대화를 추구하는 아이디어의 결과물이다. 전술은 자신에게 주어진 무기 효율의 극대화를 추구하면서 적의 무기는 비효율적인 사용을 강제하는 아이디어의 결과물이다. 이것이 성공하면 아군은 최소의 희생으로 적에게 최대의 희생을 강요할 수 있다. 따라서 아군과 상대의 무기 및 운용법을 완벽하게 이해하는 것이야말로 전술의 시작이다. 이를 통해 아군 무기의 장점과 단점, 적 무기의 장·단점을 도출해 내고 적 무기의 장점을 무력화시킬 수 있는 아이디어를 만들 수 있다. 역사는 정반합에 의해 움직이듯이 전술과 무기의 역사도 마찬가지다. 적의 무기에 대응하기 위해 신무기를 개발하고, 이 신무기에 대항하기 위해 다시 신무기를 개발하고, 적의 전술에 대응하기 위해 새로운 전술을 개발하면 적은 다시 그에 대응하기 위해 새로운 전술을 개발하는 식이었다. 이러한 신무기 개발, 신전술 개발을 적보다 먼저 한 발 앞서 한 자는 승리하는 것이고, 반대로 과거의 승리에 안주하여 새로운 무기, 전술을 등한시하고 배척하면 패배하고 도태하는 것이다.

가장 큰 적은 내부에 있다는 말은 이런 경우를 두고 하는 경구일 것이다.

거북선과 조선 수군의 전술

거북선은 적의 무기를 무력화하면서 아군의 무기 효용성은 극대화시킨 모범적인 사례이다. 단순히 전투 방법의 개선뿐만 아니라 이를 구현하기 위해 별도의 무기를 개발한 특수한 예이다. 대부분의 경우 이미 주어진 무기 범위 내에서 그 사용 방법의 개선을 시도한 반면, 거북선은 처음부터 적의 전술, 장점을 원천적으로 무력화시키기 위해서 창조적으로 무기를 개발한 경우이다. 거북선이 위대한 이유는 세계 최초의 철갑선이기 때문이 아니라, 적의 전술을 완벽히 이해하고 이를 무력화시키기 위해 아이디어를 찾아내고, 이를 기술적으로 완벽하게 구현했기 때문이다. 만약 세계 최초의 철갑선이지만 그렇게 큰 기여를 못했다면 무슨 의미가 있는가?

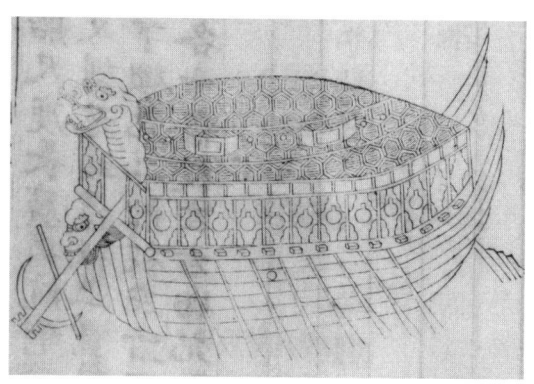

거북선은 지붕을 설치하여 왜적의 등선을 거부하고, 전후좌우에 화포를 설치하여 전투 초기 돌격선의 역할을 하였다.

왜군의 전통적인 해전 전술은 일명 등선 단병접전이다. 갈고리, 사다리를 이용하여 상대편 배에 뛰어 올라 칼 한 자루, 창 한 자루로 개개인이 단병접전으로 승부를 내는 것이 전형적인 패턴이다. 이러한 전술은 당시까지 전 세계 해군뿐만 아니라 해적들이 채택하는 일반적인 전술이었다. 화약의 발명으로 화포가 있었지만, 이를 배에 실어서 함포 포격전으로 승부를 내는 것은 훨씬 후의 아이디어이다. 스페인이 자랑하는 무적함대의 전술도 바로 이 등선 백병전이었다. 배들이 대형을 이루어 지휘관의 의중에 따라 일사불란하게 움직여 미리 계획된 작전에 맞추어 서로 협조된, 동기화된 상태에서 전투를 이룬 역사상 최초의 예는 아마도 한산대첩이 처음이다. 이 한산대첩은 등선 단병 육박전의 종말을 고한 근대 해전의 선구적인 전술이다.

일본군은 오랜 내전으로 검의 사용빈도와 수요가 많다 보니 검술에 능했다. 왜군의 입장에서 해전은 육전의 연장이다. 자신이 가장 자신 있는 전술과 무기가 단병 백병전이니 해상에서도 당연히 자신이 가진 최고의 장점을 이용하는 것은 당연했고, 그렇게 하여 성공을 거두었다. 《중종실록》에 '왜적이 칼을 빼어 들고 배 안에 뛰어들면 용감한 군사가 아무리 많아도 당해낼 수 없다'고 기록되어 있다. 한마디로 아군의 함선에 왜병 한 명이 올라와도 배 안에 있는 조선군은 공황상태에 빠진다는 이야기다. 일본군으로서는 얼마나 효율적인 전술인가? 얼마나 경제적인 전술인가? 자신의 무기 효용성은 극대화하면서 적의 저항은 무력화시키니 왜군으로서는 이 등선 단병 백병전이야말로 전술의 원칙(자신의 무기 효용, 효율은 극대화하면서 적의 무기는 무력화하여 최소의 희생으로 최대의 승리를 거둔다)에 정확히 부합되는 전술이 아닌가?

왜군의 장점은 선상에서 능숙한 검술로 상대를 제압하는 능력이다. 반대로 선상에 올라오지 못하게 한다면 그들의 장점을 발휘할 기회는 없다. 거북선은 덮개를 씌우고, 그 위에 송곳을 박아 적의 등선을 거부하여 적의 무기 사용 시도를 무력화시켰다. 거북선은 원거리에서 함포를 이용한 적선의 침몰이 아니라, 전투 초기 적의 진영을 혼란에 빠뜨리고 전투 초기 주도권을 잡기 위한 일종의 지상에서의 중전차 역할을 하는 돌파선이다. 원거리 전투가 목적이라면 굳이 갑판을 씌울 필요는 없을 것이다.

거북선의 돌진은 적의 진영에 큰 혼란과 공황을 야기할 것이다. 마땅한 대응 방법이 없기 때문이다. 동파 전술로 적선을 파괴하고 전후좌우에서 화포가 발사되고, 입에서는 유황가스가 나오니 적은 자신의 유용한 무기를 극대화하기는커녕 시도할 기회조차 원천적으로 봉쇄된다. 거북선이 적의 예봉을 둔화시키고 혼란을 유발하고 돌아가면 뒤이어 판옥선이 원거리에서 화포로 적을 제압하는 것이다. 반대로 판옥선이 포위당하면 거북선이 가서 구원을 해주는 것이다. 아군의 희생은 최소화하면서, 아군의 무기(함포)의 효율은 극대화하고 적 무기의 효용은 제로로 만드니 전술의 원칙에 이보다 더 완벽히 부합되는 무기와 전투방식은 동서고금의 육전, 해전을 통틀어서도 없다. 이것은 이순신과 그 예하 참모들의 전술과 무기에 대한 완벽한 통찰력의 결과이다. 이러한 지혜, 무기 개발, 이순신의 지도력이 어우러져 임진왜란을 승리로 이끈 것이다.

기존의 판옥선도 전술의 원칙에 부합된 사례이다. 조선의 장점은 화포이지만, 이것은 육상에 고정되어 있었다. 이 화포를 군함에 탑재하기 위해서 배에 판자로 옥상(판옥)을 만들고, 그 위에 화포를 설치한 것이다 (판옥선은 1555년 명종 10년 정걸 장군이 발명). 이리하여 적이 접근하기 전에 원거리에서(최대 사거리 500미터)부터 다양한 화포로 적에게 타격을 준다. 때로는 통나무를 날려 보내 삼나무로 만든 가볍고 빠르지만 약한 일본 배의 선체 바닥에 구멍을 낸다든가, 아니면 철로 된 육중한 탄환으로 적선을 파괴하든가, 아니면 수많은 구슬을 날려 보낸다든가 하여 적이 판옥선에 도착하기 전에 이미 전투력이 만신창이가 되게 한다. 어렵사리 판옥선까지 근접해도 판옥선이 이층으로 되어 있다 보니 오르기 어렵고(그들은 판옥선을 올려다보니 거대한 규모의 섬과 같았다고 했다), 조선 수군은 위에서 아래를 보고 화살을 쏘니, 더욱더 등선하기 어렵다. 결국 자신들의 장점인 등선 백병전이 불가능하니 전투력을 발휘할 기회도 없이 속수무책으로 당하는 수밖에 없다.

판옥선과 기북선의 결합으로 조선 수군이 제해권을 장악하니, 일본군은 당초 육군의 보급은 서해안을 따라 해군이 보급을 해줄 거라 기대했다. 그러나 이것이 차단되니 겨울은 오는데 여전히 여름옷에 탄약도 떨어지고,

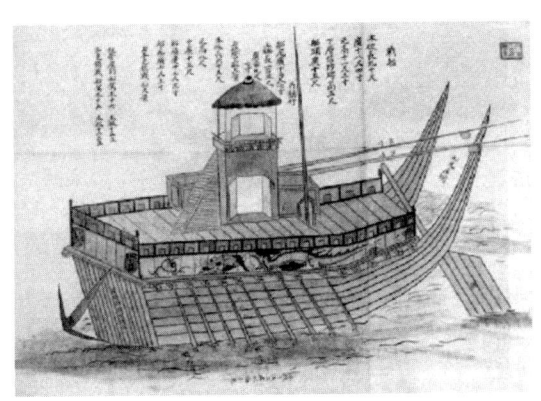

조선의 주력 전투함 판옥선. 말 그대로 판자로 옥상을 만들어 왜군의 등선을 거부하고 많은 화포를 높은 위치에서 쏘니 정확도와 사거리는 증가했다.

식량도 떨어지니 결국 첫해에만 반짝 기세를 올리고 그 이후로는 보급이 가능한 부산 근처의 남해안으로 도망가 은거할 수밖에 없었다. 거북선을 만든 나대용, 판옥선을 만든 정걸 장군 모두 임진왜란의 숨은 영웅이다. 이순신 장군이 지략과 리더십이 뛰어났다 해도 판옥선과 거북선도 없이 적의 등선 백병전을 허용하는 배들만 가지고 임진왜란을 맞이했다면 과연 지금의 이순신 제독이 가능했을까?

2. 전술과 작전의 상관성

전술은 아군의 무기 효율은 극대화하고 적의 무기 효율은 최소화하는 용병술이라고 했다. 작전은 부여받은 목표와 전술의 융합이다. 작전은 부여받은 목표를 달성하기 위해 어떤 최적의 전술을 사용할 것인가를 선택해야 한다. 작전 안에 전술이 있고, 전술의 전개가 작전이다. 작전은 기존의 전술을 뛰어 넘을 수 없다. 적 전술을 이해하면 적의 작전을 예상할 수 있음은 이러한 이유다.

작전에는 주공의 방향과 목표만 추가되었을 뿐, 그 과정은 모두 기존 전술의 재판이다. 훈련은 A라는 전술로 하다가 작전은 갑자기 B로 할 수는 없다. 적의 작전을 예상하기 위해 적의 전술을 연구해야 하는 이유이다.

3. 건전한 전술을 방해하는 요인

(1) 정치논리

스탈린그라드와 쿠르스트 전투

스탈린그라드와 쿠르스트 전투의 공통점은 독일군 스스로 자신에게 불리한 지형을 택하여 독일의 장점인 기동전을 발휘하지 못하고 소련군이 선호하는 진지전, 참호전, 근접전으로 전투를 치러 결국 소련에게 전쟁의 주도권을 넘겨준 전투였다. 둘 다 공격자가 주도적으로 공세의 원칙에 의해 전장을 선택했는데도 불구하고 패했다. 자신이 선택한 장소인데, 적에게 전적으로 유리한 방식으로 전투를 하다니?

언뜻 이해가 안 되지만 공통적으로 히틀러의 정치논리에 의한 전투이다. 쿠르스트 전투는 이미 기습의 효과를 얻지 못하고 적이 충분히 준비한 상황에서 전선 지휘관들의 반대를 무릅쓰고 독재자가 국면전환을 위해서, 스탈린그라드는 정치적 위신을 위해 무리하게 밀어 붙인 것이다. 불리한 지형에서 불리한 방법으로 싸우니 패배는 사필귀정이다. 정치논리가 군사적 합리성을 파괴한 전례이다.

독일군의 장점은 전차의 집중적인 운용과 공군의 화력 지원을 근간으로 하는 속도전에 있다. 반면 소련군은 준비된 전투, 끈질긴 방어 전투, 은폐 및 위장에 능숙하다는 장점이 있다. 스탈린그라드와 쿠루스트 공히 독일이 공격하고 소련이 방어하는 형식이었고, 두 전장 모두 전차의 기동에 장애가 많았다. 스탈린그라드는 콘크리트 건물로 가득한 거대한 시가지이고 쿠르스트는 넓은 들판이지만 독일의 수차례의 공격 연기로 방어 준비기간이 길어져 소련군은 그곳을 거대한 지뢰밭, 토치카, 벙커, 대전차포로 조밀하게 구성된 종심 깊은 방어진지를 만들어 전차의 무덤 지대로 만들어 놓았다. 한마디로 공격하는 자는 불리하고 방어하는 자는 유리한 지형이고, 전차의 기동은 위험하고 대전차포는 그 위력을 최대한 발휘할 수 있는 곳이다. 이미 적이 철두철미한 준비로 요새화한 그곳을 공격한다는 것은 적 무기의 효율은 높여주고 나의 무기는 무력하게 만드니 최대의 희생, 최소의 전과, 회복할 수 없는 패배는 자명하다.

　스탈린그라드에 독일은 최정예 제6군(독일 21개 사단, 루마니아 2개 사단)을 투입하였고, 이에 더하여 최정예 전투 공병을 투입하였다. 한때 스탈린그라드의 90%를 장악한 6군은 소련군의 역포위에 전멸하였다. 독일에게 정예 21개 사단의 손실은 큰 손실이었고, 독일은 주도권을 빼앗기고 패전까지 계속 수세에 몰렸다. 1943년 초 3차 하르코프 전투에서 만슈타인 장군의 천재적인 작전으로 소련군을 거대한 자루의 함정에 빠뜨려 간신히 전선을 회복한 독일은 그해 여름 쿠르스트에서 독일의 마지막 기갑전력을 총동원하여 주도권을 회복하려 했으나, 강력한 소련군의 방어진지에 독일 전차는 그 힘을 발휘하지 못하고 결국 큰 피해만 입고 작전을 중단하였다.

　2개 전투 모두 독일군의 장점인 현장에서의 현란한 기동, 순간적인 기습을 달성할 수 없었으며, 소련군은 자신들의 장점인 준비된 전투, 근접전, 참호전 속에서 싸웠다. 정치논리에 의해 아군에게 불리한 전장을 택하는 군대는 비록 천하무적의 군대라 하더라도 그 힘을 발휘하지 못한다는 것을 스탈린그라드 전투와 쿠르스트 전투가 보여준다.

스탈린그라드의 소련 보병. 거대 도시는 끈질기고 매복과 근접전에 강한 소련군에게는 유리한 전장인 반면, 독일군은 히틀러의 정치논리에 의해 기동전에 불리한 시가전을 억지로 치러야 했다.

아군 무기의 장점은 모두 포기하고, 적의 장점은 극대화시켜준 전장에서의 전투 결과는 너무나 자명했다. 전술의 원칙과 완전히 배치되는 전투에서 무의미한 희생과 피해만 양산했다.

런던 항공전

1940년 프랑스를 정복한 독일은 영국에 강화를 제의했지만, 처칠은 일언지하에 거절하고 결사항전을 다짐했다. 하지만 영국이 가진 전력은 너무 초라했다. 육군은 프랑스에서 몸만 달랑 빠져나와 제대로 된 중화기는커녕 병사 개인당 나눠줄 소총도 부족한데다, 공군도 650대가 전부이며, 이마저도 조종사의 기량은 초보 수준이다. 믿을 것이라곤 해군과 조기경보용 레이더 그리고 처칠의 리더십 하의 항전의지뿐. 이에 반해 독일군은 1,100대의 전투기와 1,400대의 폭격기, 400개의 급강하 폭격기,

여기에 스페인 내전과 폴란드전, 프랑스전, 노르웨이전에서 풍부한 실전 경험을 쌓은 조종사까지. 누가 보아도 독일이 제공권을 장악하여 도버해협의 제해권을 얻는 것은 시간문제였다.

1940년 8월 13일 독일은 제공권 장악을 위해 영국 본토에 전투기와 폭격기의 파상공세를 실시했다. 독일의 1차 목표는 영국 항공에게 소모전을 강요하여 영국 전투기를 전멸시키는 것이다. 제공권을 일단 장악하면 국지적인 제해권은 저절로 확보할 수 있기에 일단 독일 육군이 상륙만 하면 지상전 승리는 어른이 어린아이 팔 비틀기였다. 독일 공군 총사령관 괴링은 4일 안에 영국 공군을 궤멸시킬 수 있다고 호언장담하였다. 하지만 막상 항공전이 시작되자 피해는 오히려 독일이 컸다.

그 원인은 영국의 암호해독 기술로 미리 계획을 파악했고, 해안에 설치한 조기경보레이더로 독일기들이 영국에 도달하기 30분 전에 알 수 있었다. 하지만 더 큰 이유는 독일의 폭격기나 전투기들이 애초에 설계 당시부터 기갑사단의 근접 지원용(공군의 포병화)에 기반을 둔 용병사상에 의해 설계되었기에 항속거리가 짧아 도버해협을 건너서 전투하기에는 무리가 있었다. 폭격기는 2발 엔진이 전부였고, 당연히 항속거리는 짧았고, 폭탄 탑재량도 3톤 이하였다. 기체가 작다 보니 B-29(12정의 50mm 기관포를 탑재한 하늘의 슈퍼요새)처럼 자체 방어가 불가능하여 전투기의 엄호를 동반하여야 하지만, 전투기는 항속거리가 더 짧았다. 이렇게 시작부터 불리한 상황이었지만 계속적인 파상공세로 영국 공군은 8월 말이 되자 한계에 도달했다. 이제 조금만 더 밀어붙이면 도버해협의 제공권 장악이 바로 눈앞에 있었다.

하지만 갑자기 독일의 목표가 런던 공습으로 변경되었다. 이 원인은 영국의 베를린 폭격에 대한 보복이라는 설과 영국 공군의 궤멸을 속단하고 영국민의 항전의지를 꺾기 위해 런던 공습을 택했다는 설이 있다. 하지만 중요한 것은 런던 공습이 독일 공군에게는 큰 재앙이었

독일의 He111 중형(中型) 폭격기(Medium bomber). 최대 항속거리 2,250km. 폭탄 탑재량 2.5톤

영국이 자랑하는 4발 엔진 폭격기 '랭커스터.' 최대 항속거리 4,800km. 폭탄 탑재량 10톤

독일의 Ju88 전투기 겸 폭격기. 최대 항속거리 2,250km. 폭탄 탑재량 3.6톤. 성능은 He111과 비슷하나, 속도는 더 빠르다. 독일은 B-29와 같은 자체 방어력을 갖춘 4발 엔진 장거리 폭격기가 없었다.

다. 그렇지 않아도 항속거리가 짧은 폭격기와 전투기로 항속거리를 추가적으로 요구하는 내륙 런던의 공습은, 폭격기를 위한 전투기의 엄호는 더욱 약해져 독일 폭격기는 영국 전투기에 더 속수무책이었고, 독일 전투기도 런던 상공에 도착하자마자 바로 귀환해야 했다. 20분 이상 전투를 벌이면 연료 부족으로 도버해협에 추락해야만 했기 때문이다.

계속되는 무리한 작전으로 독일은 무려 1,700대의 항공기와 1,644명

의 베테랑 조종사를 잃고 결국 손실을 견디지 못하고 작전을 중지하였다. 영국의 입장에서는 독일이 영국 전투기 소모에서 런던 공습으로 방향을 바꾼 것이 영국에게는 행운이었다. 비록 런던은 공습으로 파괴되었지만, 괴멸 직전의 영국 공군에게 숨 돌릴 시간을 주었고, 전투가 더 내륙에서 이루어지니 영국 공군은 상대적으로 더욱 유리한 위치에서 싸울 수 있었다.

런던 공습은 처음부터 독일 공군에게 심각한 손실을 야기시킬 수밖에 없는 전투였다. 연료 없는 비행기는 추락해야 한다는 간단한 사실이 무시되었다. 자신들의 무기의 한계를 인정하지 않고 정치논리에 집착한 런던 공습은 아군의 무기 효율은 무력화시키고, 적의 무기 효율은 극대화시켜주었다. 독일 공군은 정치논리에 의해 발목이 잡혀 계속해서 불리한 전투를 강요당했다. 마치 육군이 스탈린그라드 전투에서 전차에 불리한 시가전에서 무의미하게 희생되었듯이. 장거리 전투와 장거리 폭격 능력이 없는 항공기들에게 항속거리 이상의 목표를 제시하는 순간 이미 승패는 결정되었고, 귀중한 조종사들의 희생은 피할 수 없었다. 더구나 영국 항공 소모전에서 런던 폭격으로의 방향 전환은 정치논리에 의해 군사논리가 해체된 또 하나의 예이다.

우리는 여기서 정치논리가 군사적 합리성을 얼마나 철저히 파괴하는지 다시 한 번 깨닫는다.

(2) 과도한 정신주의

군대는 무력을 가진 관료집단이다. 특히, 군대는 어느 나라든지 인구 대비 일정 규모 이상을 유지해야 하므로 많은 인적자원을 필요로 한다. 더구나 엄격한 명령체계에 방대한 조직을 관리해야 하다 보니 관료제가 필요하다. 관료제 하면 부정적인 이미지가 떠오르지만 관료조직의 핵심은 합리성과 효율성이다. 관료조직이 합리적이고 효율적이지 못하면 자원은 비효율적으로 집행되고, 그 자체가 국가 발전의 걸림돌이다.

많은 개발도상국이 경제 개발을 추진했지만 성공한 국가는 일부에 불과하다. 그 원인은 많은 예산을 배정하고 집행하는 관료조직이 부패하고 비효율적이고 비합리적으로 운용되어 그 예산이 비효율적으로 분배되거나 또는 정치논리에 의해 왜곡 분배되어 최소의 비용으로 최대의 효과를 올리지 못하기 때문이다. 군대는 일반적인 관료주의와 정신주의가 병존한다. 비효율적이고 권위주의적인 관료조직에 인명을 경시하는 정신 제일주의가 결합되면 그 순간부터 그 군대는 재앙이다.

이의 전형을 과거 일본군에서 찾아 볼 수 있다. 일본군은 청일전쟁과 러일전쟁의 승리로 자정능력을 잃어버릴 정도로 자만과 오만에 빠져 완고한 관료주의가 되어버렸다. 그리고 자신들이 청일전쟁, 러일전쟁에서 승리한 요인을 영원불변의 원칙으로 만든 것이다. 시대가 변하고 상대가 변하고 새로운 무기가 개발됨에 따라 전술도 그에 따라서 변해야 하는데, 이를 외면, 부정하고 오직 과거의 전술, 사상을 금과옥조처럼 신봉했다. 그 대표적인 예가 공격 제일주의, 총검에 의한 야습, 이에 따른 보급 무시, 정보 무시이다.

　만주에서 치러진 러일전쟁의 육상전에서 일본군을 가장 괴롭힌 것은 다름 아닌 탄약의 부족이다. 청일전쟁을 치룬 일본은 청일전쟁의 수준에 맞추어 탄약 소요량을 예측했는데, 이미 산업혁명에 따른 물량전의 시대로 접어든 시기에 이 예측은 완전히 빗나갔다. 한 달분은 사용할 거라 예상한 포병 탄약이 하루만에 소진될 정도이니 그 충격과 후폭풍은 불을 보듯하다. 현대전에서 탄약 없이 전투는 불가능하다. 탄약의 부족은 그 나라의 공업생산력과 밀접한 관계가 있는데, 공업생산력이 현대전을 수행할 만큼 뒷받침이 못되다 보니, 이것을 모두 몸으로 대신했다. 그 결과로서 나온 고육지책과 임시방편으로 야간 총검돌격 전술이 나왔고, 이것이 의외로 효과가 있자, 이것이 만난을 극복할 유일한 비책인 양 교범화되어버렸다. 보급, 포병 지원, 정보를 모두 무시하고 보병과 총 한 자루 그리고 왕성한 돌격 정신만 있으면 지상전은 승리할 수 있다는 오만이 생긴 것이다. 이러한 오만이 부패하고 무능하며 전투 의지가 없는 청말, 제정 러시아 말기의 군대, 장개석 군대에는 통했을지는 모르나, 불굴의 투지와 합리적인 용병 사상으로 무장하고 풍부한 보급이 뒷받침된 미 해병대에게는 통하지 않았다. 구아들카날 전투에서 오키나와 전투까지 일본은 자신들의 오만과 오판을 버리거나 수정하지 않고 끝까지 밀고 나갔다. 구아들카날 전투에서 보병에 의한 정면 총검돌격이 3차례 모두 실패하고 엄청난 인명손실을 기록했으면, 당연히 이에 대한 반성과 대책회의 및 새로운 전술 개발이 나올 법도 하다. 그런데 일본군은 패전하는 그 날까지 과도한 정신주의를 버리지 못하였으니 이로 인해 얼마나 많은 인명이 옥쇄라는 이름으로 무의미하게 죽었는가?

구아들카날에서의 무모한 만세 돌격의 종말

더구나 과도한 공격 정신으로 보급을 무시하여 실제 전사자보다 광의의 아사자가 더 많았다고 한다. 대표적으로 포병은 포기하고 삼일분의 식량만 가지고 정글을 뚫고 가서 보병에 의한 야습으로 적을 격멸할 수 있다는 막연한 개념으로 작전을 수행하다가 예상 진격속도보다 2배의 시간이 소요되어, 결국 선투가 시작되기도 전에 배고픔으로 쓰러져 전투보다 아사라는 비전투 손실이 더 많았다. 물론 일본군 내에도 비합리적인 작전에 반대하는 목소리가 있었지만, 이러한 목소리는 곧 비겁자라든가 군인 정신이 부족한 나약한 군인으로 매도되어 결국 작전에서 철저히 배척되었으니, 누가 인사상 불이익을 감내하면서 합리적인 의견을 제시하겠는가?

이미 합리성이라는 브레이크가 없는 기차에 탑승하였으니 낭떠러지가 보여도 정지할 수 없었다. 모두 같이 옥쇄하는 수밖에…. 결국 과도한 정신주의가 합리성, 효율성을 바탕으로 한 전술 원칙을 뿌리째 흔들어 놓았다.

(3) 신무기, 신전술에 대한 저항감

　무기의 운용이 전술이고, 전술은 무기 없이 생각할 수 없다. 신무기는 과거 무기의 한계를 극복하는 방향으로 개발되나, 보수적인 군인에게 신무기는 아직 검증되지 않았다는 이유로 번번이 채택하기를 주저한다. 설사 채택을 하더라도 전술은 과거의 방식을 고수한다(전차를 채택하면서도 보병의 근접 화력 지원 무기로 생각한 프랑스나 항공모함을 이용해 진주만에서 대승을 거두었음에도 여전히 거함거포의 함대 결전을 고수하는 일본을 생각하면 이해가 쉽다). 신무기는 새로운 전술을 필요로 하고 마땅히 그렇게 하여야 하나, 인간은 원래 손에 익은 방법에 안주하며, 더구나 보수적인 집단인 군대는 더욱 그러하다. 전술을 바꾼다는 것이 쉽지는 않다. 새로운 전술에 따른 대규모 훈련, 조직개편은 많은 비용, 시행착오, 혼란을 유발하며, 과연 이것이 최선인지 확신도 없다(전장에서 경험하기 전까지). 역사적으로 볼 때 신무기가 개발되어서 이것이 군대에서 채용되기까지는 매우 오랜 시간이 걸렸다. 설사 신무기가 군대에 채용되어도 구전술을 고집하는 전통파(주류)에게 밀려 신전술이 채용되기까지는 신무기 채택만큼의 장애물을 극복하여야 한다.

　어느 한 국가가 선구자가 되어 위험부담을 안고 채택하여 성공하면, 그때서야 나머지 국가들은 부랴부랴 신무기, 신전술 도입을 서두르는 것이 하나의 정형화된 패턴이다.

　무기 개발의 콘셉트는 적보다 더 긴 사거리를 가지고 적의 사정거리

밖에서 안전하게 공격하여 나의 생존은 보장받으며 적에게 피해를 주는 방향을 늘 추구한다. 하지만 장점이 있으면 단점이 있고, 더구나 개발 초기에는 이러한 단점이 아직 개선되지 않은 관계로 전통주의자에게는 더욱 크게, 더욱 불안하게 보인다. 이러한 반대를 뛰어넘고 신무기에 걸맞은 신전술을 먼저 채용한 군대는 나머지 군대가 따라 모방하기 전까지 무적의 군대가 되는 것을 종종 본다. 유럽에서 채용한 후장식 활강 소총, 미뉴에탄, 바늘총(후장식 총), 샤스포총을 연대순으로 살펴보면 신무기, 신전술의 채용이 어떻게 전쟁의 승패를 결정하는지 알 수 있다.

독일 통일의 원동력(후장식 소총과 산개대형)

개인화기인 소총의 역사는 꽤 길며, 그 변화는 다소 완만했다. 화승총에서 머스킷(부싯돌 발화 활강총), 강선총(라이플총), 미니에탄, 후장식 바늘총까지의 변화과정에서 가상 극적인 것은 후장식 라이플총(바늘총)의 등장이다. 후장식 라이플총이 도입되는 과정을 살펴보면 무기에 대한 저항감을 극복하는 것이 얼마나 어려운지를 알 수 있으며, 신무기를 도입하고도 전술은 구식 전술을 고집할시 어떠한 대재앙을 초래하는지 알 수 있다.

우리가 흔히 말하는 조총은 화승총이다. 화승총은 심지에 불을 붙여 화약을 폭발시키는 소총인데, 그 발사단계가 무려 42단계에 이른다. 화승총의 가장 큰 약점은 복잡한 발사단계도 문제지만 화승이므로 항상 불씨를 휴대하고 다녀야 했다. 따라서 비가 오는 날은 사용이 불가능했다.

1690년대를 시작으로 이러한 화승 발사 장치는 부싯돌 발화장치로 대체 되었다. 말 그대로 방아쇠를 당기면 부싯돌이 불꽃을 만드는 원리이다. 20발 정도 사용하고 나면 부싯돌을 교체해야 하는 불편함이 있기는 하지만, 발사단계를 26단계로 줄였고, 어느 정도 비가 와도 발사가 가능하니 큰 발전이다. 하지만 여전히 사거리와 정확도는 떨어졌다.

이에 대한 대안으로 15세기 말 강선총(라이플총)이 등장하였다. 강선총은 총열에 홈을 파서 총알의 회전력을 이용하여 더 멀리, 더 정확히 탄환을 날리는 장점이 있지만, 강선의 이점을 이용하려면 탄환의 직경이 총구의 직경에 정확히 일치되어야 하므로 총알을 총 입구 총구에 넣기 위해서는 망치로 쏘시개를 두드려야 하는 번거로움이 있어 사격에 많은 시간을 요구하였다. 결국 사냥용이나 저격용으로만 사용하고 대규모 도입은 이루어지지 않았다. 그 당시 전투에서 승패는 발사 속도에 의해 좌우되었으므로, 너무나 복잡하고 긴 장전시간을 요하는 소총은 환영받지 못했다.

이러한 기술적인 한계상황에 돌파구를 마련해준 총이 1849년 프랑스 육군 장교 클로드 에티엔 미니에 대위가 개발한 일명 미니에탄이다. 이 미니에탄은 총알이 구형이 아니라 갸름한 미사일 형태로 뒷면이 평평하면서 가운데 홈이 파여져 있어 장약의 폭발로 생기는 가스압력에 의해 홈의 가장자리가 부풀어 올라 총알이 총열의 강선에 정확히 꽉 물리게 되어 있다. 가장 큰 특징은 총알의 직경이 이전의 강선총과 달리 총의 직경보다 작아 총 입구에 삽입이 간단하면서 강선총의 장점인 정확하고 긴 사거리가 가능해진 것이다. 이 미니에 강선총은 구식 부싯돌 발화총(강선이 없는 활강총 형태)보다 사거리는 8배, 오발률은 26배나 낮았으며, 강선의 회전 효과로 인하여 총알이 관통한 입구는 손가락만한 반면, 뒤쪽은 주먹만 하여 일단 맞으면 생명에 치명적이었다. 이 총은 크림전쟁(1853~1856)에서 대규모 병력을 자랑하는 러시아 보병을 전멸시킨 영국, 프랑스군의 비밀무기였다. 남북전쟁(1861~1865)에서도 이 미니에탄은 위력을 발휘하여, 군인 전사자 62만 명 중의 86%가 바로 이 미니에탄의 희생자였다. 병인양요 당시 프랑스 군대가 무장한 총도 바로 미니에총이었다.

이 가공할 만한 위력을 가진 미니에탄도 총알을 총구에 넣는 전장식(前裝式) 소총의 연장이라는 근원적인 한계는 극복하지 못했다. 전장식 소총의 가장 큰 문제는 총알을 총의 입구에 넣기 위해서는 어쩔 수 없이 일어서야 한다. 이때 적의 화력에 그대로 노출되어 전투시 많은 사상자를 낳았다.

이러한 문제점을 극복하고 나온 소총이 1828년 콜라우스 폰 드라이제가 개발한 후장식 라이플총(일명 바늘총, niddle gun)이다. 이 총의 가장 큰 특징은 총알을 총의 입구가 아닌 총신의 후미(노리쇠)에 넣는 후장식(後裝式) 소총이라는 것이다. 총알은 기름종이에 싸여져 있으며 맨 앞에는 탄자, 그 다음은 뇌관, 마지막에는 장약이 순서대로 들어가 있어 방아쇠를 당기면 바늘 같은 공이가 뇌관을 격발시켜 탄자를 발사케 한다. 이러한 원리로 인해 '바늘총'이라고 불려졌다.

이 총의 장점은 발사 속도가 기존 미니에총의 4~5배이며, 총알 장전 시 일어날 필요 없이 엎드리거나 구부린 채로 장전이 가능하여 생존성이 비약적으로 높아졌다. 이제는 장전시 일어나야 하는 불안감이 없어졌고, 지형지물을 이용하여 은폐 및 엄폐를 이용한 사격이 가능해진 것이다. 더구나 발사 속도가 5배인 경우 만 명이 이 총으로 무장하면 5만 명의 미니에탄 부대 보유와 같은 효과가 있다는 산술적인 효과가 있다.

하지만 다음과 같은 단점도 있었다.

① 노리쇠로 가스가 새어나와 폭발력의 감소로 사거리가 미니에탄보다는 짧다.
② 바늘모양의 공이가 잘 망가져 여분의 공이가 필요했다.
③ 과열로 총구가 막히는 일이 흔하여 돌로 쳐서 손잡이를 열어야 했다.
④ 노리쇠에서 새어나오는 가스로 인하여 얼굴에 화상의 위험이 있었다.

하지만 가장 큰 이유는 병사들이 산발적, 마구잡이로 발포시 탄약이 빨리 소비된다는 이유와 소총수들이 엎드려 사격이 가능하므로 땅에 머리를 박고 있는 병사를 어떻게 관리, 통제할 것인가 하는 문제로 군에서는 채용을 꺼려했다.

그 당시까지만 해도 여전히 밀집대형을 유지하면서 구호에 맞추어 일제 사격을 한 후 마지막에는 과감한 총검돌격이 전투의 백미라고 생각하던 시대였다. 보수적인 군부는 새로운 무기 도입에 따른 전술의 대대적인 변화를 두려워하고 귀찮아했다. 여전히 마지막 마무리는 착검보병의 군인다운 돌격과 육박전의 몫이라고 생각했다.

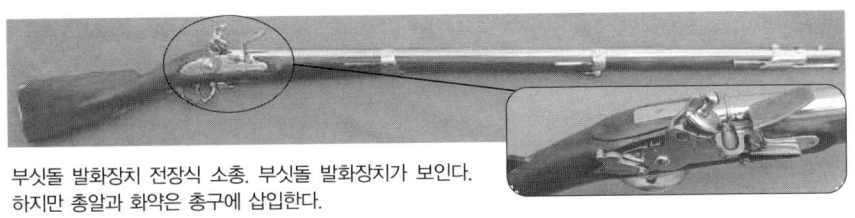

부싯돌 발화장치 전장식 소총. 부싯돌 발화장치가 보인다.
하지만 총알과 화약은 총구에 삽입한다.

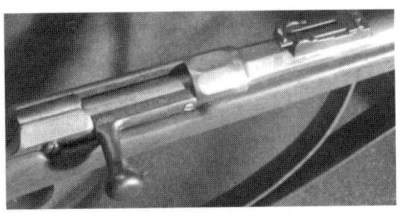

후장식 소총, 총알을 노리쇠를 통하여 장전한다.

하지만 프로이센군은 여러 가지 단점에도 불구하고 후장식 바늘총으로 자그마치 20년에 걸쳐 30만 명의 프로이센 현역군과 예비군을 무장시켰다. 1866년 마침내 모든 프로이센 보병은 바늘총으로 무장을 완성하였다. 신무기의 도입에 따라 전술도 그전의 밀집대형에서 산개대형으로 바꾸었고, 병사 개개인이 주변 지형지물을 최대한 이용하여 생존성은 높이면서 고속 사격으로 돌격을 반복하는 적을 섬멸시킬 준비가 되었다. 이제 바늘총 앞에서의 밀집대형은 자살행위이며, 화려한 총검돌격은 어리석고 무의미하며 엄청난 사상자를 유발하는 광신적 행위가 되었다.

나의 무기 효율은 극대화시키고 적의 무기 효율은 무력화하여 최소의 희생으로 최대의 전과를 올리는 전술의 원칙에 정확히 부합되는 신전술이 창조되는 순간이다. 지난 50년간 전쟁 경험이 없는 프로이센군은 이 신무기와 신전술로 무장하여 수적 열세, 국력의 열세에도 불구하고 오스트리아군을 상대로 단 7주 만에 전쟁을 승리로 이끌었다.

신무기의 도입에 대한 선견지명, 그에 따른 전술의 개선, 이를 수행하기 위한 지적인 노력을 마다않는 프로이센 참모본부는 과거의 무기와 전술에 안주하고, 지적인 노력보다는 용맹성을 우선시하는 유럽의 다른 군대를 압도하고 독일 통일을 이룬 일등 공신이었다.

나폴레옹의 포병

나폴레옹은 1794년 약관 25세의 나이에 이탈리아 원정 사령군에 임명되어 처음으로 대부대를 지휘한지 거의 20년간 유럽 대륙을 군사적으로 완벽히 정복했다(러시아 원정 전까지). 그 승리의 원동력은 무엇일까? 그것은 신속한 기동(당시 기준으로는 전격전)과 집중(특히, 대포의 집중) 등 두 가지로 요약할 수 있다. 신속한 기동은 전략적으로는 다수의 적과 상대를 해야 하는 입장에서 적이 연합하기 전에 각개격파를 하기 위한 전략적 기동과 적의 병참선 차단을 위한 전술적 기동으로 나눌 수 있다. 보통 1분에 70보의 속도이던 기동속도를 나폴레옹 군대는 거의 2배인 120보로 십만 이상의 대부대가 이동했으니 속도의 혁명이라고 할 만하다.

나폴레옹이 굳이 알프스를 넘어 이탈리아를 공격한 이유는 바로 병참선 차단에 있다. 그 당시 나폴레옹이 상대한 유럽군은 용병에 의지했는데, 용병은 대우가 좋은 군대를 찾아 철새처럼 움직이기에 급료가 밀리거나 보급이 부실하면 용병을 유지할 수 없었다. 충실한 보급을 위해서 수많은 군수물자가 필요했을 테고, 수많은 군수물자 운반은 필연적으로 군대의 신속한 기동을 제한하였다. 용병부대의 아킬레스건은 바로 보급이었다. 보급부대가 화려하다는 것은 역으로 보급이 없으면 용병부대는 힘을 발휘하지 못한다는 결론이다. 그리하여 나폴레옹은 항상 전광석화와 같은 속도로 적의 병참선을 차단하려한 것은 배후에서의 적 보병의 공격이 아닌 (결국 전투는 개활지에서 마주보고 이루어짐) 바로 적의 보급부대와 군대를 차단함에 목적이 있다.

그럼 어떻게 프랑스는 신속한 기동이 가능했을까? 해답은 현지 조달(약탈)과 국민병이다. 프랑스 군대는 용병이 아닌 혁명의 이념과 조국방위라는 역사적 사명 아래에 모인 혁명군이요, 국민군이므로 악조건 하에서도 강행군이 가능하며, 풍요로운 보급부대가 없이 현지 조달만으로도 전투가 가능하다. 이를 역으로 생각하면 현지 조달이 불가능하면 아무리 프랑스 군대라 하더라도 결국은 후방보급에 의존해야 하며, 이는 신속한 기동의 포기를 의미한다. 프랑스군이 러시아에서 패한 이유는 빠르게 후퇴하는 러시아군을 이전처럼 신속히 기동하여 조기에 포착 섬멸하지 못했기 때문인데, 그 이유는 바로 러시아의 청야전술로 식량의 현지 조달이 어려워 후방보급에 의존하다 보니 나폴레옹의 장기인 기동성이 현저히 저하되었기 때문이다.

나폴레옹 승리의 원동력의 또 다른 힘은 집중이다.

이는 병력의 집중, 대포의 집중, 돌파의 집중으로 나뉜다. 병력의 집중은 신속한 기동으로 가능했고(나폴레옹의 명언 "우리는 먹을 때 흩어지고 싸울 때 뭉치자"), 대포의 집중은 가벼운 야포 덕분에, 돌파의 집중은 종대대형 덕분에 가능했다. 그런데 아이러니하게도 나폴레옹이 이용한 대포의 집중적인 이용, 종대전술, 사단편성, 분진합격이 모두 혁명군이 증오하는 구체제(앙샹 레짐, ancien regime) 하에서 만들어진 유산이라는 것이다. 나폴레옹은 포병장교 출신답게 전투에서 대포를 집중적으로 이용하여 보병의 돌격전에 대규모 포격으로 적의 진영 중 특정 지점을 아수라장으로 만들었다. 이렇게 만들어진 간격에 보병을 대규모 투입하여 과감한 돌격으로 적을 분리하거나 측면 포위하였다. 그럼 연합군은 왜 나폴레옹처럼 포병을 집중적으로 이용하지 못했을까?

프랑스는 7년 전쟁(1756~1763)의 패배를 반성하고 새로운 무기, 전술, 시스템을 도입하는 데 주저하지 않았다. 그 대표적인 모범사례가 대포의 혁신이다. 그 이전에 대포는 매우 무겁기 때문에 야전부대와 같은 속도로 이동하는 것이 불가능하여 주로 공성전과 같이 고정된 장소에서만 사용이 가능했다. 그 이유는 바로 대포의 원시적인 제조법에 있다. 대포를 주조하려면 바깥쪽 거푸집 안에 안쪽 거푸집을 넣은 다음, 그 사이에 쇳물을 부어야 하는데 안쪽 거푸집과 바깥쪽 거푸집이 완전한 동심원을 이루기는 거의 불가능하여 안쪽 거푸집은 한쪽으로 기울기 마련이다. 이렇게 되면,

① 포의 두께가 불균일하게 되고, 그에 따라 포마다 특성이 다 다르게 된다. 따라서 포수는 모든 포의 특성을 일일이 파악하고 있어야 하는데, 이는 포의 사거리를 동일하게 맞추어 집중적인 타격을 주는 데 큰 걸림돌이다.

② 포탄의 직경은 같은데, 포의 내부 직경은 다르므로 포탄이 포에 꽉 끼는 사태를 막기 위해 포의 내부 직경을 여유 있게 만들어야 한

다. 그렇지 않으면 화약의 압력이 포신과 포탄 사이로 새어나와 추진력을 떨어뜨린다. 이를 만회하기 위해 화약을 더 많이 사용해야 하는데, 대포 두께의 불균일로 인하여 대포가 터질 위험이 있으므로, 다시 포신의 두께를 더 두껍게 하다 보니 포는 더욱 무거워진다. 이러한 기술적인 이유로 인해 대포를 야전에서 보병을 신속히 지원하는 현대적인 포병의 개념은 애당초 불가능했다.

이러한 기술적인 한계가 1734년 프랑스 리옹에서 일하던 스위스인 엔지니어 겸 대포제작자인 장 마리츠(1680~1743)에 의해 해결되었다. 그는 대포를 금속 덩어리째로 일단 주조한 다음, 구멍을 뚫는 천공기를 이용하여 정확히 가운데에 구멍을 파면 포의 두께가 균일한 제품이 나올 거라 생각했다. 이러한 그의 상상을 실현할 기계를 그의 아들이 개발하였다. 이런 방식에 의해 생산된 대포는 포의 두께가 균일하여 더 적은 화약으로도 강한 추진력을 얻을 수 있었기에 (그 전에는 포의 직경이 내포마다 달라서 포탄이 꽉 낄까봐 대포 직경을 널찍하게 만들어, 결국 가스가 새어 포탄의 속도가 떨어짐) 두께는 얇아지고, 포신은 짧아져 더 가벼운 대포가 생산되어졌다. 이렇게 가벼워진 대포는 다시 프랑스의 군인 그리보발에 의해 다시 기동 및 운용이 수월한 시스템으로 거듭났다. 견인차, 탄약운반차, 마구의 새로운 설계, 높낮이를 조절하는 나사 메커니즘의 발명으로 대포는 보병부대와 같은 속도로 이동이 가능해진 것이다. 게다가 명중률이 획기적으로 증대하였다. 이전 포병의 명중률이 20~30%인데 반해, 나폴레옹 군대는 90% 이상이었다. 이러한 신속성과 정확성을 바탕으로 지상전의 화력전은 소화기의 근거리 일제사격에서 대포의 원거리 사격으로 대치되었다.

포병장교인 나폴레옹은 이렇게 개선된 대포의 잠재력을 파악하고, 이를 전투에 대규모로 집중 운용하였다. 그 이전에는 보병이 길게 횡대로 줄을 지어 최대한 적진 가까이 전진하다가 구령에 맞추어 일제사격을 하고 총검돌격 백병전이 이루어지는 것이 일반적인 전투방식이었으나, 나폴레옹은 보병의 공격 전에 특정 지점에 대량의 대포를 한곳에 집중하여 십자포화로 탄막을 형성하여(세계 최초의 포병에 의한 탄막이 탄생), 적의 대오를 완전히 으깬 다음, 보병대를 종대로 대규모로 투입하고 기병을 통해 전투를 마무리했다.

나폴레옹의 원거리 포병 집중사격에 의해 대형이 박살된 군대는 아비규환 그 자체였다. 프리드리히 대왕이 국가 예산의 90%를 투입하여 양성한 유럽 최고의 전문 직업군인 집단인 프러시아군이 예나전투에서 힘 한 번 제대로 못써보고 패배한 이유도 바로 특정 지점에 대량으로 집중화된 정확도 높은 원거리 대포에 의해 이미 진형이 으깨어져, 그들이 자랑하는 정교한 선형전술을 펼칠 기회조차 갖지 못하였다.

나폴레옹 시대에 소총은 화승총에서 조금 발전한 부싯돌 발화 소총으로 여전히 장전을 위해서 복잡한 단계(26단계)를 거쳐야 했으며, 사거리나 정확도도 형편없었다. 그나마 일렬로 집중 사격해야 겨우 명중률 20%를 넘는 시대에 긴 사거리, 정확한 탄도, 엄청난 파괴력의 대포를 집중적으로 운용한다면 보병 숫자의 열세, 기병의 수적 열세를 만회하고도 남는 효과가 있었다. 나폴레옹은 인적자원의 열세를 적이 가지지 못한 무기를 보유함으로써, 전장에서 우위를 지킬 수 있었다. 그는 이전까지 홀대받던 대포를 근대적인 의미의 보병지원용으로 조직적, 전술적으로 사용한 최초의 장군이었다. 이러한 포병에 의한 십자포화로 탄막을 형성, 보병의 돌격전에 전투의 승부를 결정짓는 전투방식은 향후 1, 2차 세계대전까지 전투의 공식으로 자리 잡은 것을 보면 나폴레옹은 포병의 운용에 신기원을 이루었다고 할 수 있다.

아무리 뛰어난 기동으로 유리한 위치에서 전투를 시작하더라도 적과 동일한 무기와 방식으로 싸웠더라면 그렇게 연전연승은 불가능했을 것이다. 연합군이 그들의 포를 나폴레옹처럼 운용하기 전까지 나폴레옹의 신화는 계속되었다. 사실 나폴레옹이 독창적으로 창조한 무기나 전술은 하나도 없었다. 모두 과거 선배들의 유산을 물려받았지만, 그는 이의 잠재력을 간파한 혜안과 통찰력을 가지고 이를 오케스트라의 지휘자처럼 교묘히 전장에서 통합 운용한 것이다. 마치 콜롬부스의 달걀처럼.

4. 전술의 목적을 달성하기 위한 방법

(1) 기습

기습은 자신의 전투력을 3배로 증폭시키는 효과가 있다. 그렇기에 기습이야말로 모든 지휘관이 추구하는 꿈의 전투이다. 한니발과 나폴레옹의 알프스 산맥 통과, 독일 전차 집단의 아르덴 삼림지대 통과, 진주만 기습 등 모두 상대가 전혀 예상하지 못한 장소와 방향으로의 공격을 통해서 기습의 효과를 달성했다. 하지만 ISR(정보 감시 정찰)의 발전으로 이러한 기만, 유인은 점점 힘들어진다. 만슈타인이 제안한 아르넨 삼림지대에 주공을 두어 적의 배후를 포위한다는 작전이 현대전에도 통할까? 정찰기, 정찰 위성으로 상대의 병력 배치를 손바닥 보듯 하는 현대전에서 삼림지대를 통과하여 적을 기만한다는 것은 자살행위와 같다. 또한 기만은 시간을 요구한다. 역정보를 흘린다든지 아군의 행동을 오판하도록 하는 정교한 행동은 일정한 단계를 가져야 하고, 적이 주목해 주어야 한다. 하지만 현대전은 중동전처럼 6일 만에 끝날 만큼 고속기동전이므로, 이런 장시간의 준비를 요구하는 기만은 사용하기 힘들다. 그렇기에 기만보다는 기습이 아군의 무기 효율은 극대화하고, 적의 무기는 무력화하여 최소의 희생으로 최고의 전과를 올려야 하는 전술의 원칙에 이르는 지름길이다.

  기습의 성공적인 예는 무수히 많지만 현대전에서 요구하는 기습은 또 다른 양상이다. 과거에는 적이 예상치 못한 곳을 공격하는 장소의 기습(예를 들어 적이 예상치 못한 절벽을 타고 뒤통수를 친다든가)이었지만, ISR(정보 감시 정찰)이 발달한 현대전에서는 이러한 기습은 사전에 적에게 노출되므로, 오히려 시간의 기습이 성공 확률이 더욱 높다.

현장에서의 신속한 의사결정에 의한 기습

현대전은 속도전이다. 과거의 보병전 중심의 전쟁과는 달리 현대전은 엔진의 속도만큼 빨리 진행된다. 엔진의 속도만큼 지휘관의 결심의 속도도 빨라야 한다. 무기는 고속도로를 달리는데 지휘관의 결심 및 실행은 행군 속도라면 전격전을 실행할 자격이 없고 속도전을 감당할 자격이 없다. 2차 대전 초기 독일군의 전격전을 단지 전차의 빠른 기동성으로만 전격전의 성공을 평가하는데, 이는 피상적인 분석이다. 영국, 프랑스 연합군 사단장이 이틀에 걸쳐서 결정할 일을 독일 전차 사단장은 본인이 현장에 직접 가서 상황을 파악한 다음, 그 자리에서 10분 만에 명령을 내린다. 연합국 같으면 복잡한 명령체계를 밟아 보고를 받고, 이를 취합, 다시 회의를 소집하여 길고 지루한 회의를 거치고 다시 복잡한 단계를 거쳐 명령을 내리는 것과는 극적으로 대조적이다.

2차 대전 당시 영·불 연합군의 패배는 무기의 패배가 아니라, 느린 의사결정, 느린 실행의 패배이다. 독일의 현장 지휘관이 즉각적으로 상황판단, 그것을 과감히 실행하여 기습의 기회를 만들어 전과를 끊임없이 확대하는데 반해, 영·불 연합군은 1차 대전의 사고에 젖어 느린 의사결정, 느린 작전 수행으로 인해 무기의 우세를 이용하지 못했고, 결국 신속한 역습을 이루지 못했다. 설사 초기에 독일군의 주공 방향에 대한 판단착오가 있었다 하더라도 작전계획을 재빨리 수정하여 신속히 이동, 반격에 나서 독일군 기동로의 측면을 강타하였다면 전쟁은 달라졌을 것이다. 영·불 연합군은 전차의 화력, 장갑력만 고려했지 속도에는 무관심하여 전차의 속도가 보병의 도보 수준보다 조금 빠를 정도였다. 이는 전장에서의 속도를 이해하지 못한 소치인데, 굼뜬 의사결정, 느린 수행에서도 이러한 사고는 그대로 반영되었다.

다음 두 가지 전투를 통해 독일군이 어떻게 현장에서의 기습의 기회를 만들었고, 어떻게 자신의 무기 효율은 극대화하면서 적의 무기 효율은 무력화하여 최소의 희생으로 최대의 전과를 올렸는지 알아보자.

비트만 대위의 빌레아 보카쥬 전투

1944년 6월 6일, 노르망디 상륙작전에 성공한 연합군은 교두보를 성공적으로 확보하고 독일군을 밀어붙이면서 캉(Caen)을 점령하여 독일군 방어의 핵심인 SS 제1 전차군단을 포위, 섬멸할 계획이었다. 이를 위해

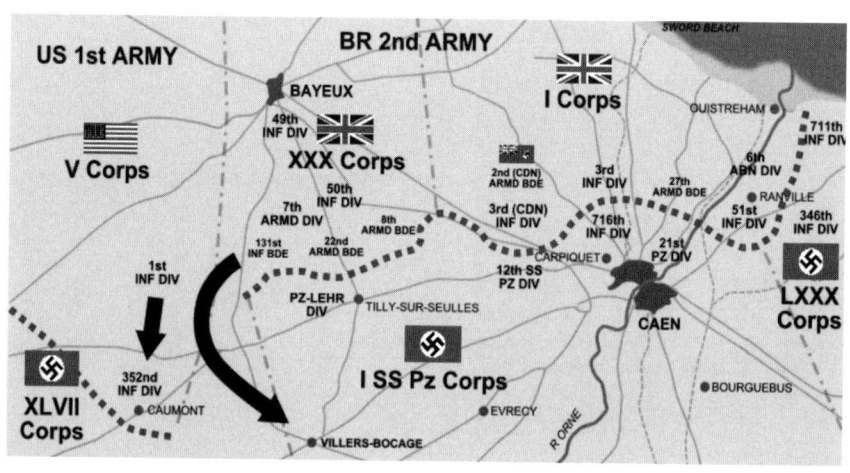

미카엘 비트만(Michael Wittmann) 중위와 빌레아 보카쥬(Viller-Bocage) 전투

영국 제7 기갑사단(사막의 생쥐로 불린 정예기갑사단)은 최선봉 부대로 지도에서 보다시피 SS 제1 전차군단의 노출된 좌익을 측면 포위하기 위해 우회기동을 하고 있었고, 빌레아 보카쥬(Viller-Bocage)를 통과하여 캉으로 진격할 계획이었다.

한편, SS 제1 전차군단 직할의 중전차 대대(전차군단의 소방수 역할을 하는 최정예 예비대대로 비트만은 제2 중대장)는 노출된 SS 제1 전차군단의 좌익을 엄호하라는 명령을 받고 5일간의 자력 주행 끝에 6월 12일 도착한 곳이 빌레아 보카쥬에 불과했다. 게다가 연합군의 공습과 5일간의 자력 주행으로 인한 고장으로 비트만의 제2 중대는 12대 탱크 중에서 사용가능한 탱크는 5대에 불과했다. 빌레아 보카쥬 남쪽에서 몸을 숨기고 휴식을 취하던 비트만 중위는 정찰병으로부터 마을에 대규모 영국군이 전개되어 휴식을 취하고 있다는 보고를 받았다. 바로 제7 기갑사단의 선봉부대인 22 기갑여단이었다. 영국군은 마을에 절반, 나머지는 마을 밖 동쪽 국도에서 휴식을 취하고 있었는데, 근처에 독일군이 있으리라고는 꿈에도 몰랐다. 이는 비트만 중위도 마찬가지였다. 서로 우연한 만남이었다. 비트만은 이 영국 기갑여단이 바로 아군 전차군단의 측면을 포위하기 위한 선봉부대라는 판단 하에 즉시 행동을 개시했다. 인구 1,000명의 작은 시골 마을이 세계 전차 역사상 가장 유명한 빌레아 보카쥬 전투의 배경이 되는 순간이다.

그는 자신의 중대를 모두 소집하여 공격에 들어가면 이 결정적인 기습의 기회를 놓친다고 판단하여 우선 단독으로 적의 대열에 돌입하기로 했다. 완편된 영국군 최정예 1개 기갑여단에 단 한 대의 전차를 이끌고 돌진한 것이다. 그는 이 순간을 놓쳐 적을 그냥 보내면 아군의 전차군단이 측면 포위되어 전선은 붕괴되리라 판단했다.

08:00. 단독으로 공격에 들어간 비트만 중위는 마을 남쪽에서 영국군의 중앙으로 들어가서 우선 마을에 위치한 후위를 소탕하여 배후의 안전을 확보한 다음, 다시 동쪽으로 이동하여 전위부대(본부중대와 전차중대)를 섬멸하고, 다시 후위로 돌아가 잔적을 소탕하던 중 영국군의 대전차 포탄에 맞아 기동불능에 빠졌다. 그리하여 그는 가용한 포탄을 모두 이용하여 적의 차량과 대전차포를 파괴한 다음, 전차를 빠져 나왔다. 불과 20분간의 단독 공격으로 적 전차 21대와 28대의 장갑차량 그리고 수많은 대전차포를 파괴하였다.

한편, 소식을 들은 비트만 중대 예하 탱크 4대가 합류하여 남아 있는 적과 전투를 벌였다. 탱크를 빠져 나온 비트만과 대원들은 15km를 뛰거나 걸으면서 인접 교도기갑사단에 상황을 보고하였다. 보고를 받은 기갑사단은 즉시 전차 15대를 마을로 출동시켜 역습을 시도하도록 하였다. 역시 보고를 받은 영국 제7 기갑사단의 증원부대와 교도기갑사단의 파견부대간 전투가 이어졌다. 이 전투는 당일 저녁까지 계속되다가 영국 공군의 공습으로 종결되었다. 빌레아 보카쥬는 다시 독일군이 탈환하였다. 이로써 영국 22 기갑여단의 캉(Caen) 공격 계획은 비트만 중위의 단 한 대의 전차 공격으로 완전히 실패하고 오히려 뜻하지 않은 기습으로 전멸에 가까운 피해를 입었다. 이 전공으로 비트만 중위는 대위로 승진과 함께 백엽 검 기사십자훈장을 히틀러로부터 직접 받는다.

우리는 이 전투를 통하여 우연한 기회로 얻은 현장에서의 기습이 얼마나 엄청난 파괴력을 보여주는지 알 수 있다. 여유롭게 휴식을 취하던 영국군은 완전한 기습을 당하여 독일 전차 1대의 종횡무진 용맹한 활약에 여단 전체가 공황상태에 빠지고 말았다. 만약 비트만 중위가 자신의 전 중대를 소집한 다음 공격을 감행했다면 적에게 먼저 노출되어 기습의 효과를 얻지 못했거나, 아니면 중대를 소집하는 동안 적은 이미 이동하고 없었을 지도 모른다. 현장에서 즉각적으로 판단하고 바로 행동에 들어가는 과감한 결단력이 독일 2개 군단을 살린 것이다. 비트만이 적의 압도적인 수적 우위에 눌려 숨기에 급급했다면 독일 2개 군단은 영국군에 포위되어 서부전선은 바로 붕괴되었을 것이다. 한 명의 빠른 결단이 조그만 구멍으로 인해 제방 전체의 붕괴로 이어질 뻔한 일을 미연에 방지한 것이다. 이러한 현장에서의 기습은 전선의 하사관에게까지 장려된 독일군의 임무형 작전의 결과이다. 만약 공격 하나 하나 일일이 복잡한 단계를 거쳐 상부에 보고하고 승인을 받아서 움직이는 조직 하에서는 절대 현장에서의 기습은 불가능하다.

1936년 독일군 교범은 조직적인 행동보다 자유로운 행동을 강조했다. 교범을 그대로 인용하면,

"이와 같이 결정적 행동은 전쟁에 있어 성공에 가장 필수적인 요소이다. 최고 지휘관에서부터 젊은 병사에 이르기까지 누구나 행동을 취하지 않거나 호기를 상실하는 것이, 수단의 선택에 있어서 잘못을 범한 것보다 더 비중이 크다는 사

실을 인식해야만 한다."

비트만은 이러한 교리에 의해 훈련받은 군인이었기에 현장에서의 기습이 가능했던 것이다.

2차 대전 최고의 전차 에이스 비트만 대위. 전차 138대, 대전차포 132대를 격파했다. 백엽 검 기사십자훈장을 수여 받고 찍은 사진

빌레아 보카쥬 전투의 공로로 히틀러로부터 직접 백엽 검 기사십자훈장을 받는 장면. 백엽 검 기사십자훈장은 2차 대전 동안 160명만 수여받은 명예로운 훈장으로 비트만은 71번째 수상자다.

마을 동쪽 국도상에 비트만 중위의 단독 기습 공격으로 파괴된 영국군 기갑 차량과 대전차포의 처참한 모습

시내와 동쪽 도로 경계 사이에서 파괴된 영국 크롬웰 전차

시내에서 파괴된 독일 티거 전차. 영국군 피해에 비하면 독일군의 피해는 매우 경미한 수준이다.

루비르트 중사의 세당 돌파

1940년 5월 프랑스를 침공한 독일은 주공을 영·불 연합군이 예상하

는 북부가 아닌 중부전선, 그것도 전차의 통과가 불가능하리라 예상한 아르덴 삼림지대에 두었다. 아르덴 숲을 무사히 통과한 독일군에게 마스(Mars)강이라는 장애물이 기다리고 있었고, 이 강을 건너기 위해서는 세당(Sedan)이라는 요새도시를 돌파해야 했다. 독일군은 세당이라는 작은 도시를 점령하기 위해 제1 기갑사단, 제2 기갑사단, 제10 기갑사단을 투입하였다. 작은 시골 도시 하나를 점령하기 위해 무려 3개 기갑사단을 투입한 것만 봐도 이 요새의 위치가 얼마나 중요한지, 그리고 얼마나 점령하기 어려운지 예상할 수 있다. 세당은 반드시 점령해야 할 요새이다. 세당을 점령하면 파리를 지나 서부해안까지는 이렇다 할 장애물이나 방어 시설이 없었다.

사실 독일 지도부는 세당 점령에 큰 기대를 걸지 않았다. 오죽했으면 히틀러 자신도 세당이 당일 돌파되었다는 보고에 사실을 믿지 못하고 '기적'이라며 말을 더듬을 정도였다. 독일군 최고 지휘부도 세당 돌파가 힘들 거라 예상하고 전쟁이 장기전으로 되리라 예상했다. 그런데 이 난공불락의 요새를 단 하루 만에 점령하여 '세당 돌파의 기적'을 이룬 부대는 우연히 각 사단 아래와 같이 극소수의 선두 부대였다. 모두 합쳐서 1개 중대도 안 되는 소부대가 독일 최고 지휘부조차 단기간의 점령은 불가능하다고 생각한 세당 점령을 단 하루 만에 이루어 낸 원동력은 무엇일까?

제2 기갑사단 : 코르탈스 중위와 2개의 강습공병소대

제1 기갑사단 : 쿠르비에르 중위와 2개의 보병소대, 1개의 강습공병분대
제10 기갑사단 : 강습공병대 루비르트 중사와 11명의 병사들

1940년 5월 13일 특공대 지휘자 루비르트 중사(기사철십자훈장 수여와 함께 소위로 특진)

이 중에서 대표적인 제10 기갑사단의 루비르트 중사의 전투 보고서를 통해서 어떻게 그들이 기적을 창출했는지 알아 보고, 현장에서의 기습이 얼마나 중요한지(나라의 운명을 바꿀 수도 있다) 알아보자. 이 부분은 칼 하인츠 프리저의 《전격전의 전설》*)이라는 저서에 자세히 그리고 비중 있게 묘사되었다.

아르넨느 삼림지대를 돌파한 제10 기갑사단은 5월 13일 세당에 도착하였다. 하지만 불충분한 화력 지원, 불리한 지형, 프랑스의 강력한 포병에 밀려 당일 제10 기갑사단 작전지역에서의 모든 마스강 도하 시도는 실패하였다. 단, 5명의 강습보병과 6명의 보병으로 이루어진 루바르트 소대만 제외하고. 그의 전투 보고서를 인용하면,

"우리는 고무보트를 물가로 운반했고, 나는 내 부하들과 1개 보병 분대를 이끌고 마스강 반대편에 도달했다. <중략> 다른 지점에 있던 적 포병들이 우리의

---

*) **전격전의 전설** : 1940년 5월 독일의 프랑스 침공은 전격전의 시작을 알리는 역사적인 전쟁이었다. 하지만 선입관과는 달리 독일은 전격전을 완벽히 준비한 후 이를 실행에 옮긴 것이 아니라, 전쟁을 수행하면서 전격전을 만들어 갔다는 것을 방대한 자료의 분석을 통해 새롭게 독·불 전쟁을 해석한 명저이다.

도하지점 일대에 엄청난 포탄을 퍼부었다. 보병 분대가 우 측방을 엄호하는 가운데, 나는 전방의 철조망을 절단하며 전진했다. 우리는 다음 벙커의 측 후방으로 접근했다. 나는 폭탄을 설치했다. 잠시 후 폭발로 벙커의 뒤편 옹벽이 무너져 내렸다. 우리는 이 기회를 포착해 수류탄으로 적병들을 공격했다. <중략> 얼마 전에 결혼한 새신랑 일병은 앞뒤 돌아볼 겨를도 없이 대담하게 혼자서 좌측의 벙커를 습격해 능숙한 솜씨로 적을 사로잡았다. 두 번째 벙커는 나와 테오펠 하사, 포드주스, 몽크 일병이 함께 습격해 탈취했다. 마스 강변에 있는 정면 300m 폭의 벙커 지대를 돌파한 것이다."

　루비르트 중사는 도하에 성공하여 강변 300m의 벙커 지대를 점령한 것에 만족하지 않고 계속 진격하여 프랑스의 제2 방어선까지 공격, 사단을 위한 결정적인 돌파구를 구축했다. 단 몇 시간 동안의 과감하고 적극적인 공세 덕분에 난공불락으로 생각했던 세당의 7개 벙커를 장악한 것이다. 당시 그는 그의 행동이 얼마나 엄청난 결과를 초래했는지 몰랐다. 단지 평소 훈련받은 대로 자신이 부여받은 임무를 적극적으로 수행했을 뿐이다. 만약 루비르트 중사가 마스강 도하에 만족하여 그 자리에 주저앉아 다음 명령을 기다리면서 휴식이나 취하고 있었다면 이러한 눈부신 성과를 얻지 못했을 것이다.

　임무형 전술에 입각한 독단적인 행동이 프랑스의 의표를 찔렀고 며칠, 몇 주가 걸릴 수도 있었던 세당 돌파를 저녁나절만에 성공한 것이다. 루비르트 중사는 이 전공을 인정받아 기사철십자훈장을 받고 소위로 특진

했다.

　이 두 가지 전과 공히 현장지휘관의 자율적이고 융통성 있으며, 독립적인 판단능력, 이의 과감한 실행 정신이 합쳐진 결과이다. 위에서 시키는 일만 하는 수동적인 지휘관이 아닌 현장에서 우연히 포착한 기회를 놓치지 않기 위해 바로 과감하게 실행에 옮기는 능동적인 지휘관에 의해서 이루어진 엄청난 전과이다. 위에서 내려 온 작전이 시시각각 변하는 현지 사정을 100% 실시간으로 반영하기는 힘들며, 작전 수립 당시와 실행시의 시차 사이에 전장 사정은 얼마든지 변경될 수 있다. 이런 경우 현명한 지휘관이라면 현지 상황을 반영, 임기응변을 발휘하여 융통성 있는 작전을 펼쳐 임무를 완성할 것이요, 어리석은 지휘관은 최초의 명령대로 교조적으로 로봇처럼 경직되게 수행하여 결국 많은 희생을 치르고 임무를 완수하지 못하거나 아니면 우연히 발견한 천재일우의 기회를 눈앞에서 놓칠 것이다.

　현장에서 천재일우의 기회를 포착하고도 이에 대한 정확한 상황판단을 못하여 그냥 지나치는 경우가 얼마나 많으며, 상황판단은 정확히 하고도 결심을 못하여 그 기회를 놓친 예가 전사에서 얼마나 많은가? 만약 비트만이 눈앞의 적이 아군을 포위하려는 주공부대라는 판단을 하지 못했다면 공격할 필요성을 못 느꼈을 것이다. 설사 정확한 상황판단을 하고도 수적 열세에 당황하여 자신의 안전에만 급급했다면 어떻게 되었을까? 아니면 상부에 보고를 하고 정확한 명령을 수령한 다음에 그제서야 공격에 나섰다면 어떻게 되었을까? 소부대 지휘관의 현장에서의 우연한 기습이 전쟁의 향방을 좌우하고, 국가의 운명을 바꿀 수도 있다는 것을 이 두 개의 전투 사례를 통하여 알아야 한다.

하지만 이러한 능력은 어느 날 갑자기 생긴 것은 아니며, 평소 훈련의 결과요, 평소 독일군 분위기의 반영이다. 자율성을 존중하는 분위기와 현장 지휘관에게 폭넓은 재량권을 부여하는 독일군의 임무형 작전 전통이 없었다면 불가능했을 것이다. 현대전이 속도전이 될수록 적과 우연히 접촉할 기회는 더욱 많아지고 우연한 기습의 기회 또한 더욱 많아진다. 속도전에 걸맞은 지휘관을 확보한 국가는 전쟁에서 승리할 것이다. 자율성, 독자적인 판단능력, 실행력이 없이 오직 시키는 일만 로봇처럼 하는 경직된 군대는 설사 월남군처럼, 장개석군처럼 최신무기와 수적 우위에 있다 한들 능동적인 적을 맞서 승리를 기대하기는 어렵다.

2차 대전 당시 북아프리카의 영국군은 독일군과는 그 작전의 행태가 정반대였다. 롬멜은 영국군의 경직된 지휘에 경악했을 정도다.

"서투르고 느려터진 매너리즘에 빠진 지휘방식, 형식에 치우쳐 지나치게 세부적인 부분까지 통제하는 명령들이 예하 지휘관들의 자유를 박탈했으며, 전투 경과와 상황 변화에 필요한 적응력을 상실시켰다. 이것이 영국군 실패의 근본적인 원인이다"

라고 정확히 지적했다. 영국군은 우세한 제공권, 해상 보급로의 확보로 인한 충분한 보급, 장비의 우세, 수적인 우세에도 불구하고 롬멜에게 번번이 패하여 롬멜을 독일의 영웅으로 만들었다. 그 원인은 롬멜의 지적처럼 융통성 없는 철저한 중앙집권적인 지휘로 현장에서 즉흥적인 기회를 기습으로 연결하지 못한 것이다.

세당을 돌파한 독일군을 역습해야 할 프랑스 55보병사단장 라퐁텐 장군은 시종 우유부단한 의사결정과 관료적인 일처리(반드시 서식명령을 수령한 후에 작전을 시행해야 한다는 고집)로 9시간을 무의미하게 허비해 독일군이 교두보를 구축할 시간적 여유를 주었다. 만약 신속하게 의사결정을 하고 역습을 지휘했더라면 돌파에는 성공했지만 돌파구의 폭이 좁고 측방이 노출된 독일군을 역포위해 궁지에 몰아넣었을 것이다. 이러한 어처구니없는 실수는 라퐁텐 장군 개인의 문제가 아닌 프랑스군의 문제였다.

프랑스군은 매 단계별로 세부적인 작전을 수립하고, 정식 서식명령을 받아야만 작전을 실행할 수 있으니 라퐁텐 장군은 이러한 프랑스 원칙에 충실했을 뿐이다. 이러한 원칙은 1차 대전과 같이 보병이 중심이 되고 전쟁의 속도가 느린 상황에서는 유효할지 모르나, 고속 기동전을 구사하는 적에게 이러한 대응은 이적 행위나 다름없다.

이스라엘이 아랍을 상대로 연전연승할 수 있었던 이유도 바로 독일군과 같은 우수한 자질을 가진 지휘관이 있었기에 가능했다고 한다. 이스라엘은 병력, 전차 수의 열세에 기습까지 받은 상황에서 상부의 지시 없이도 자체적으로, 능동적으로 유연하게 임기응변으로 판단하고 행동하였다. 반면 아랍군은 매우 용맹했으나, 오직 명령과 교본에만 기계적으로 따랐을 뿐 자율적인 판단능력이나 융통성이 없었다. 2차 대전시 소련군처럼 무조건 후퇴하면 안 된다는 명령에 어리석은 파상 정면공격만 반복하여 희생을 키웠고, 현장에서 능동적으로 유연성을 발휘하여 우회기동을 통하여 적을 기습한다든가 하는 것은 애당초 남의 나라 이야기였다.

기갑부대는 지정된 진출선에 도달하자 자신들의 임무는 여기까지라고 그냥 주저앉아 후속 부대를 기다렸으니, 돌파에 성공하고도 전과 확대를 실시하지 않은 군대가 어떻게 기동전에서 승리할 수 있을까? 바로 옆에서 아군이 포위되어 곤경에 처해 있는데도 불구하고 자신의 진지만 지키고 있었을 정도이니 그 경직성이 어느 정도인지 짐작이 간다. 시키는 것은 잘 하지만 스스로 판단하고 결정은 못하니 이런 군대가 아무리 전격전을 위한 최신 전차로 무장한들 어떻게 속도전을 전개할 수 있을까?

아랍 군대는 끊임없이 반복된 훈련으로 익숙해진 상황, 준비된 전투, 사소한 부분까지 일일이 가르쳐 준 경우에는 충실히 용맹하게 배운 대로, 명령받은 대로 행동한다. 하지만 갑작스러운 돌발 상황에 봉착해서는 어찌해야 할 바를 모르고 난감해 하다가 기회를 놓치거나, 아니면 자포자기 해버린다. 마치 일정한 형식의 기출문제는 반복된 연습으로 기가 막히게 잘 풀다가 약간 문제를 꼬아 놓거나 응용해 놓으면 멍하니 있다가 백지 답안지를 내 시험을 망치는 학생과 같다. 적과 마주치는 그 순간부터 돌발 상황인데 적과 마주치기 전까지는 잘 하다가 적과 마주쳐서 전투가 전혀 생각지도 않은 방향으로 흐르면, 그때부터 판단 기능이 마비된다. 최고지휘관이라는 사람(욤키푸르 1973년 시리아의 무스타파 틀

라스 야전군 총사령관) 역시 전투가 중요한 고비를 맞을 때마다 자신이 전선으로 달려가는 것이 아니라, 야전 지휘관을 자신의 사령부로 찾아오도록 명령하는 관료적인 태도로 가장 중요한 시간에 최전선을 지휘의 공백 상태로 만들었다. 그렇지 않아도 오직 시키는 일만 할 줄 아는 군대가 설상가상으로 지휘권 공백 상황에서 어떤 결정을 하겠는가? 시시각각 변하는 전장 상황에 맞게 실시간으로 융통성 있고 과감한 작전을 구사하여 기회를 포착하지 못한 군대는 첨단무기로 무장한 10배의 전력에도 불구하고 패할 수밖에 없음을 중동전쟁이 증명한다.

경직된 사고에 익숙한 군대는 절대로 현장에서의 기습을 달성할 수 없다.

전쟁의 발전은 기동속도에 비례한다(말에 의한 혁명, 산업혁명으로 철도 혁명, 내연기관의 자동차 혁명 비행기 혁명, 미사일 혁명). 미래전은 적과 우연히 마주칠 기회가 점점 많아지면서 동시에 ISR(정보감시정찰)의 발달로 피아 모두 정찰 능력은 점점 증대된다. 옛날처럼 적이 모르게 은밀히 준비하고 은밀하게 이동하여 기습을 달성하기는 점점 더 어려워진다. 따라서 현장에서의 기회를 포착하는 그 순간에 바로 결심하고 즉시 실행에 옮겨야 기습을 달성할 수 있다. 전격전의 성패는 첨단무기 못지않게 첨단 결정과 실행을 요구한다.

준비의 기습

기습에는 불의의 공격을 통한 기습도 있지만 준비의 기습도 있다. 적이 생각하기에 1주일 걸릴 것이라는 예상을 깨고 단 하루 만에 공격 준비를 끝내고 공격한다면 반드시 야밤이나 새벽 같은, 적이 잠든 시기에 공격하지 않고 낮에 공격하더라도 기습의 효과를 얻을 수 있다.

스탈린그라드 전투에 패한 독일군은 수세로 전환하여 소련군의 거센 반격을 받았다. 미군도 인정한, 2차 세계대전을 통틀어 최고의 기갑지휘관인 독일의 발크 기갑사단장은 CHIR강 방어작전(6·25의 낙동강 방어전과 비슷)에서 10배 규모의 소련군을 상대로 저녁에 작전 명령을 하달하고, 밤에 이동하며, 새벽에 공격하는 방법을 반복하여 CHIR강을 성공적으로 방어하였다.

그가 기습에 성공한 요인은 기만도 아니요, 새벽에 공격이 이루어졌기 때문만도 아니다. 공격 준비 시간을 단축하였기 때문이다. 소련군이 생각하기에 전투를 끝내고, 휴식을 취하고, 며칠 걸려야 역습에 나설 줄 알고 교두보 경계 및 확장에 여유를 부리다가 바로 다음날 새벽에 공격을 해오니 공황상태에 빠져 압도적인 화력과 병력에도 불구하고 변변한 저항 한 번 못하고 도주하였다. 소련군도 각 부대가 통합되어 동시에 공격하는 것이 아니라 개별적으로, 산발적으로 공격하였으니 각개격파를 당한 것이었다. 그들은 수적 우위를 과신했고, 발크 장군이 소방수처럼 신속하게 병력을 이동시키리라 예상치 못한 것이다. 상대편도 자신들이 통상적으로 하는 준비기간을 예상했다가 준비의 기습에 당한 것이다.

1940년 독일의 프랑스 침공시 롬멜은 제7 기갑사단장으로 참여하여 '유령사단'이라는 별명을 얻었다. 그 이유는 마지노선 앞까지 도달한 후, 상부에서는 후속 부대의 화력 지원과 공군의 지원이 있을 때까지 돌파를 금지했으나, 롬멜은 바로 그날 저녁 18:30분에 바로 공격을 명령했다. 아르넨느 삼림지대 뒤에도 약하지만 마지노선은 존재했다. 아르넨느 삼림지대 뒤에 마지노선이 전혀 없는 것은 아니었다.

프랑스로서는 완전한 기습이었다. 통상 요새나 강과 같은 적의 장애물이 있으면 공격 준비에 며칠, 몇 주가 걸리는 것이 1차 대전식 사고였으나, 롬멜은 바로 그날 저녁 보병과 공병의 엄호 하에 기갑부대를 앞세우고 야간에 기습하여 난공불락의 마지노선을 희생 없이 돌파하였다. 상부에서는 후속 부대의 지원이 있기 전까지 마지노선의 돌파를 금지했지만, 롬멜은 그럴 경우 기습을 달성할 수 없다고 판단하여 즉시 결정하고 실행하였다.

며칠이 걸릴 거라 생각한 돌파 준비를 단 30분 내에 완료하고 공격했으니 무모하게 보일지 모르는 이 행동이 가져온 결과는 상상을 초월했다. 마지노선이 준비의 기습에 무너진 것이다. 아무리 견고한 요새라 할지라도 기습에 무력하다는 것을 보여준 실례이다.

이와 반대로 프랑스군의 대응을 살펴보자.

프랑스에게는 두 번의 역습의 기회가 있었다. 첫 번째는 세당을 돌파 당한 후, 독일군의 교두보를 제거하기 위한 역습 기회였다. 첫 번째 역습은 1, 2차에 걸쳐 시도만 있었지 결국 역습 명령은 취소되었다. 근본적인 이유는 역습의 준비기간이 지나치게 오래 걸리고 템포도 너무 느렸다. 역습에서 가장 중요한 것은 신속 과감인데, 신속하지도 과감하지도 못했다. 시종 1차 대전 보병 중심의 느림보 기동 관념에 그나마 우유부단한 지휘가 독일군이 교두보를 확대하도록 도와준 것이다.

두 번째는 세당 돌파 후 대서양으로 물밀 듯 진격하면서 긴 측방을 노출시킬 때의 역습의 기회이다. 기갑사단의 속도가 워낙 빠르다 보니 보병사단의 진격이 상대적으로 뒤처져 선두 기갑부대와 후속 보병부대 사이에 큰 간격이 생겼다. 이 간격을 뚫고 남, 북에서 협공을 한다면 독일의 선두 기갑부대는 역포위될 것이고, 결과적으로 독일이 노리는 포위작전도 실패하여 전세는 역전되리라 생각했다(독일 최고 지휘부가 가장 걱정한 상황). 하지만 프랑스의 대응과 상황판단은 정확했으나, 이를 실행하는데 있어 너무 준비기간이 길었고 결국 기도가 모두 노출되어 실패했다. 그나마 드골 대령이 지휘하는 제4 기갑사단의 역습이 성공적이었는데, 그 이유는 후속 부대가 모두 집결된 후의 역습이 아닌 전차부대만으로의 지체 없는 즉각적인 반격이었다. 준비기간이 번개 같으니 독일군은 전혀 알지 못했고, 완벽한 기습을 달성했다. 비록 독일 공군의 공습에 밀려 실패했지만, 이 역습이 독일 최고 지휘부에 준 충격은 상상 이상이었다.

태평양 해전의 분수령이 된 미드웨이 해전도 준비의 기습이 얼마나 중요한지를 보여준다. 준비의 기습은 육지, 해상, 공중에서 예외가 아니다. 오히려 항공전은 그 엄청난 속도로 인해 몇 십 분이 승패를 가른다. 일본 해군과 미 해군은 적 항모를 발견하고 이에 대처하는 법이 정반대였다. 미 해군은 일본 항모를 발견하자마자 공격 준비가 된 항공기 먼저 발진시켰고, 일본 해군은 뇌격기(어뢰 공격기), 엄호전투기, 폭격기가 모두 준비된 다음에 한꺼번에 공격하려고 하였다. 결과는 미 해군의 대승(일본 항모 4척 손실, 미군 항모 1척 손실). 먼저 발견하고 먼저 폭격하는 자가 대부분 승리하는 항공 결전에서 준비의 기습이 얼마나 중요한지를 보여준 사례이다. 미 해군은 항공전의 핵심이 속도라는 점을 인식했기에 미드웨이 해전 당시 항모, 항공기 모두 수적, 질적으로 열세의 상황 하에서 준비의 기습을 통해 승리를 거둔 것이다. 모두가 미드웨이 해전을 미군에게 행운의 여신이 뒤따른 기적 같은 승리라고 하지만, 만약 미 해군이 수적, 질적인 열세 하에서 일본 해군과 동일한 방식(완벽하게 준비된 전투만 선호)으로 전투를 했다면 결코 승리하지 못했을 것이다. 이렇듯 준비기간이 길면 길수록 기습의 효과는 떨어지고 기습의 효과가 없으면 작전은 실패할 확률이 높다.

　기습은 전혀 예상하지 못한 장소로의 공격보다는 작전 준비기간의 단축으로 얻을 수 있음을 명심해야만 한다. 이러한 준비의 기습에 성공하려면 즉각적인 상황파악, 즉각적인 결심, 즉각적인 실행이 이루어져야 하며, 이를 위해서는 정보수집 능력과 보급품의 신속한 수송이 절대적이다. 정보야말로 상황파악, 결심, 작전의 근원이고, 보급 없이는 실행을 할 수 없기 때문이다. 작전 중심의 일본군과 정보 중심, 보급 중심의 미국과의 전쟁에서 누가 승리했는가? 정보와 보급을 경시한 작전은 사상누각이다.

정보 없이 작전을 수립하는 것이 얼마나 위험하고, 보급 없이 작전을 하는 것이 얼마나 자살행위인가? 이것은 준비의 기습이 아니라, 준비된 자살이다.

과거에는 타깃의 발견에서부터 타격까지가 며칠이나 소요되었으나, 이제는 30분 안에 종료할 수 있는 것도 모두 정보의 수집, 가공, 처리가 신속하기 때문이다. 타격 수단은 그 다음이며 타격 자체가 시간을 잡아먹는 것은 아니다. 미국이 이라크전에서 소수의 몇 개 사단으로 세계 4위의 육군국인 이라크를 어린아이 팔 비틀듯이 승리한 원인도 작전준비를 신속하게 끝내고 연속적인 기습이 이루어져 결국 전쟁을 속전속결로 끝낸 것이다. 전격전의 기본인 적에게 재편성의 시간을 주지 마라(6·25 서울 탈환 이후 3일의 지체, 인천상륙작전 후 북진의 1주일 지체, 2차 대전 모스크바로 진격을 미루고 키에프 포위전에 한 달 허비 등)는 만고불변의 진리로, 타격의 신속함보다 오히려 준비의 신속함으로 이루어질 때 달성할 수 있다. 왜냐하면 돌파 후 어느 정도 진격한 후에는 어느 부대나 휴식 및 재충전이 필요하다. 치열한 돌파과정에서 발생한 인명, 무기의 손실도 보충해야 하며, 재보급도 받아야 하기 때문이다. 사실 이때가 전쟁에서 가장 중요한 시기이다. 돌파에 성공하고도 차기 작전준비에 너무 많은 시간을 할애하다가 적에게 재편성의 시간을 주어 어렵사리 얻은 기회를 놓치기 쉽기 때문이다.

그럼 준비의 기습을 달성하기 위해서는 무엇을 준비해야 하나?

① 우선 정확한 정보를 빠른 시간 안에 얻는다면 준비기간은 짧아진다.

2003년 이라크전에서 미군은 목표물을 파악, 확인하고 타격을 가하는 데 걸리는 시간이 10분도 걸리지 않았다. 91년 걸프전에서는 평균 3일 걸리는 일이 단 10분 만에 가능했던 이유는 J-STRAS(지상에 노출된 적의 위치를 신속하게 파악하는 정찰기)와 무인기와 같은 정보수집 능력의 확보 때문이다. 이렇게 얻은 정보를 신속하게 가공하여 필요한 부대에 신속히 분배할 수 있는 정보처리 및 전송 능력이 가능하게 했던 것이다.

과거 정찰부대가 육안으로 확인하고 이를 복잡한 절차를 거쳐서(중대-대대-연대-사단-군단-군) 보고를 한 다음 이를 확인하고, 다시 복잡한 다단계 군조직을 거쳐 전달하는 시스템에서는 절대 준비의 기습을 달성할 수 없다. 이는 정찰기와 C4I에 대한 투자 없이는 불가능하며, 정보화 군대와 산업화 군대를 결정적으로 구분하는 기준이 되기도 한다. 미군이 강한 이유는 화력 이전에 이러한 정보혁명을 이루었기 때문이다. 소련군도 화력, 병력면에서는 결코 밀리지 않음에도 아프가니스탄에서 결국 패한 이유는 이러한 정찰 능력과 신속한 정보처리 및 전달 능력이 부족한 산업화 군대였기 때문이다. 강한 화력을 느리게 사용하여 공격용 헬기가 도착한 때는 이미 적이 타격을 가하고 도망간 다음이었다. 먼저 발견하고 먼저 타격할 수 있는 군대만이 준비의 기습을 달성할 수 있으며, 이를 위해서는 화력만큼 중요한 정찰기와 C4I에 대한 투자가 이루어져야 한다.

한국군은, 화력은 세계 어느 나라 못지않은 강한 화력을 보유했지만, 정찰 능력과 C4I는 아직 걸음마 수준인 이유는 기술 개발력이나 예산의 부족의 문제라기보다는 군 지도부가 정보수집 능력은 주로 미군에게 의지하면 된다는 생각, 그리고 북한의 화력에 대응하여 우리도 이에 맞대응하여 화력에 항상 예산의 우선순위를 두는 정량적인 가치 우선의 군사 독트린 때문이다. 아무리 우수한 화력이 있다 한들 적을 먼저 발견하지 못하고 적에게 타격을 받은 후에야 대응할 수 있다면 그 화력이 무슨 의미가 있을까? 이스라엘이 중동전에서 연전연승한 원인은 화력이 강하기 때문이 아니라 정찰기와 정보를 적절히 운용하는 정보화 군대로 변신했기 때문이다.

우리도 정량적 가치에 대한 우선순위에서 이제는 이 막강한 화력을 효율적으로 운용하기 위해서 정보와 정찰에 좀 더 과감한 투자를 해야 할 시기이다. 한국에서 일어나는 사건을 일본이 먼저 파악했다는 뉴스를 종종 듣는 경우가 있다. 정보에 종속된 군대는 결코 결정권이 없으며, 결정권이 없는 군대는 기습 자체가 불가능하다.

② **보급, 병력 충원이 빠르고, 연속적일수록 준비기간은 짧아진다.**

전진하는 부대의 발목을 잡는 것은 적의 저항도 있지만, 더 큰 문제는 보급의 지체이다. 초반 기습에 성공하여 주도권을 가지고 공격하던 군대가 보급에 발목이 잡혀 결국 공격 기세는 둔화되고, 이에 비례하여 적에게는 방어선을 구축할 시간적 여유를 주어 결국 다 잡은 승리를 놓친 경우가 허다하다. 이것이 수송부대도 기계화되어야 하는 이유이며, 수송기가 전투기 못지않게 전쟁의 승패를 좌우하는 이유이다.

독일이 모스크바를 코앞에 두고 함락하지 못한 이유는 동장군의 위세보다는 기갑사단이 제대로 보급을 받지 못해(연료, 탄약은 물론이고 기본적인 겨울옷조차 없이 영하 30도의 추위에 맞서야 했다) 공격 준비를 할 수가 없었기 때문이다. 독일 전차의 장점인 무선통신도 진공관이 얼어서 가동이 안 되었고, 2시간마다 전차를 가동해 주어야 언제든지 출동이 가능했다. 그러나 기본적인 식량도 공급받지 못한 상황에서 이것은 희망사항이었다.

독일군의 장점인 현장에서의 기습, 장병들의 임기응변, 현란한 기동, 더욱 세련된 전차 운용과 공지 합동 작전, 완벽한 제공권 등 작전이나 전술은 오히려 프랑스전보다 훨씬 발전하였다. 하지만 소련의 전선이 워낙 광대하고(세당에서 덩케르트는 170마일이지만, 소련은 전선까지 1,000마일), 독일군은 여전히 보급품 운반을 알렉산더 대왕처럼 말에 의존하였다. 전선은 길고 보급은 느리니 당연히 여기에 차기 공격을 위한 준비 시기는 점점 더 느려진 것이다. 이에 따라 소련군에게 방어의 시간을 준 것이다(모스코바로 바로 직격하는 대신 케에프 포위전도 큰 실수).

1991년 걸프전에서 미군이 전격전을 성공시킨 배후의 일등공신은 대부대에 지체 없이 물자를 적시에 공급해준 군수팀이 있어 가능했다. 사막에서 지상공격이 시작되면 1개 기갑사단은 매일 40만 갤런의 연료, 탄약 2,400톤, 물 21만 3,000갤런이 필요했다. 이러한 방대한 양의 보급을 한 번도 실수 없이 전방부대가 원하는 시간과 장소에 공급해 줄 수 있는 미군의 육, 해, 공군 수송능력이 미군의 힘이다. 미군을 떠받쳐주는 기둥은 정보와 군수지원이다. 6·25 당시 북한은 전차를 앞세워 전격전을 구사하여 한 달 안에 부산을 점령하려 했으나, 실패한 이유는 초반의 공격 기세를 유지시킬 보급 시스템이 제대로 작동하지 않았기 때문이다. 미 공군은 북한의 보급로를 차단하기 위해 교량 폭파, 수송부대, 보급 집적지를 집중 공습하여 북한은 신장된 보급선을 밤에만 부분적으로, 그것도 인력에 의존하여 아슬아슬하게 유지하였기에 준비의 기습을 달성할 수 없어 한국, 유엔군에게 방어선을 구축할 시간적 여유를 준 것이다.

정보와 기습

정보와 기습은 언뜻 별개의 문제인 것 같지만 사실은 바늘과 실이다. 정보는 적의 기도를 미리 탐지하여 아군이 그에 대한 준비를 하거나 공격을 위한 적의 방어태세 등을 알고 거기에 대한 아이디어를 갖기 위해서도 필요하다. 이것은 정보의 고전적인 개념이다.

정보는 기습을 위해서 사용되어져야 한다. 정보를 얻는 목적은 기습을 통하여 아군의 무기는 극대화하고 적의 무기는 무력화하기 위해서 필요하다. 우리가 비싼 정찰기를 운용하는 목적은 무엇인가? 단순히 적의 배치나 알고 숫자나 파악하기 위함은 아니다. 정보는 그 자체로는 의미가 없으며, 이를 활용할 때 정보로서의 의미가 있다. 정찰기를 통해서 얻은 정보를 보면 적의 예상 공격로가 보이고, 적이 생각하는 아군의 예상 공격로나 적군이 생각하는 아군의 의도를 알 수 있다. 우리는 이러한 정보를 역으로 이용하여 적을 기습하는 훈련을 해야 한다.

방어시의 기습

방어와 기습은 전혀 어울릴 것 같지 않다. 기습은 흔히 공격자의 전유물이라고 생각하기 때문이다. 하지만 방어시에도 기만을 이용하면 적을 역으로 함정에 빠뜨려 기습을 할 수 있다. 방어작전을 수립시 가장 힘든 것은 적이 어디에 주공을 두는지 알 수가 없다는 것이다. 그래서 모든 곳에 병력을 균일하게 배치하다 보니 항상 병력이 부족하고 종심은 얇아진다. 하지만 일부러 빈틈을 보여 적의 주력을 그곳으로 유인할 수 있다면 적은 병력으로도 적을 역포위할 수 있다. 만슈타인 장군은 제3차 하르코프 전투에서 이러한 전술로 방어에 성공함은 물론이고 오히려 공세의 주도권을 되찾았다.

3차 하르코프 전투

소련군은 스탈린그라드에서 제6군을 완전 포위하여 항복을 받아내고 공세로 전환하면서 이제 주도권은 자신들에게 있으며, 독일군은 지리멸렬하여 후퇴하기 정신없다고 판단, 병력과 장비의 수적 우위를 믿고 무조건 밀어붙이면 바로 베를린까지 진격할 수 있다고 착각하였다. 독일군의 저력을 과소평가하고 자만에 빠진 소련군의 분위기를 간파한 만슈타인은 독일군의 동부전선에서 마지막 대승을 안겨준 하르코프 전투(전사에서는 3차 하르코프 전투)를 준비하고 있었다.

1943년 2월, 그는 전선을 도네츠강에서 미우스강으로 대폭(최대 200km) 후퇴시키면서 전선을 축소시켰다. 공간을 소련군에게 내어 주고

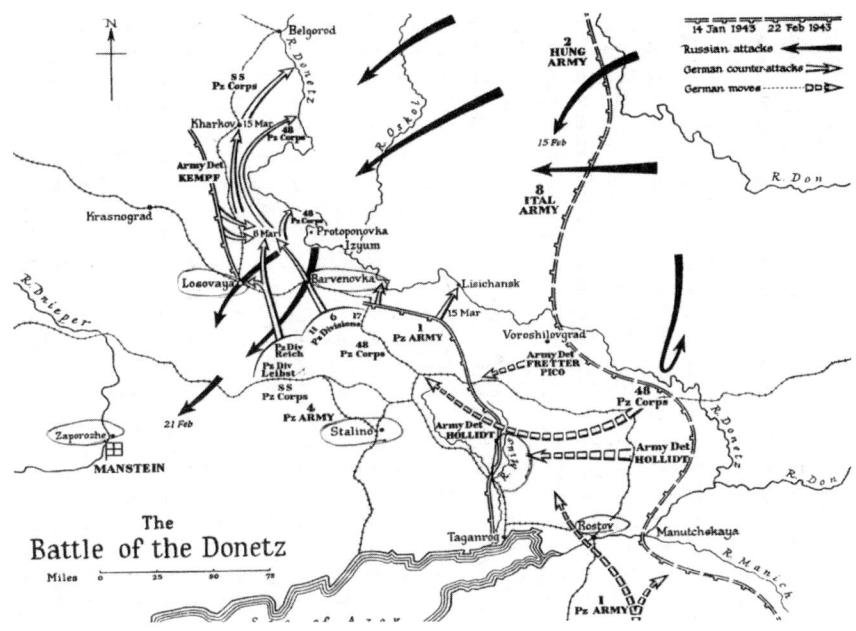

The Battle of the Donetz

전선을 좁혀 반격을 위한 병력을 모을 수 있었다. 무작정 후퇴를 하는 것이 아니라, 사실은 빈 공간을 일부러 남겨두어 소련군이 이 빈 공간을 이용하여 대규모 공격을 하도록 함정을 만들었다.

예상대로 소련군은 독일군이 후퇴하면서 생긴 빈 공간을 찾아내고, 쾌재를 부르며 밀고 들어갔다. 미끼를 덥석 문 것이다. 회심의 미소를 지으면서 이를 느긋하게 지켜 본 만슈타인 장군은 빨리 역습하라는 히틀러의 조급증을 무시하고 더욱 더 깊숙이 소련군이 들어오도록 놔두었다. 소련군은 별도의 보급부대가 없이 공격부대에 최대한의 탄약, 연료(소련군 전차에 달린 외부 연료통은 바로 이러한 교리의 산물로, 내부 연료통 외에 외부 연료통을 달아 보급 없이 최대한 멀리 진격할 수 있게 하였다),

Ⅲ 전술론 **167**

제3차 하르코프 전투의 결과 쿠르스트를 중심으로 한 돌출부가 만들어져 이 돌출부를 제거하기 위한 쿠르스트 전투가 같은 해 7월 이어졌다.

식량을 싣고 전진하는데, 대략 200km 전진하면 탄약, 연료, 식량의 소모로 인해 멈추어야 한다. 바로 200km가 공격 한계점이다.

1943년 2월 22일 드디어 공격 한계점에 온 소련군을 향해 총공세를 명령하였다. 소련군의 턱 아래 5개 기갑사단을 배치하여 적에게 강력한 측면공격을 가하면서 적을 배후에서 포위하였다. 3월 22일 작전이 종료되자 독일군은 8:1의 수적 열세에도 불구하고, 615대의 전차와 1,000문이 넘는 야포를 노획하였고, 30개 소련군 사단이 전투 서열에서 사라졌다. 이로 인해 소련 제5의 공업도시 하르코프를 수복한 것은 물론 스탈린그라드에서 독일 제6군의 패배를 설욕해 주었고, 당분간 소련군은 동부전선에서 공세로 나올 수 없었다. 방어도 기만을 이용하여 기습이 가능하다는 것을 보여준 가장 유명하고 걸작인 방어작전이다.

지적인 기습

현장의 기습, 준비의 기습을 위해서 각 제대 장병은 용맹과 과감함이 필요하지만, 이것은 어디까지나 지적인 기반 위에서 이루어져야 한다. 단순히 공명심으로 적만 보며 저돌적으로 무모하게 돌진하는 것은 자칫 부대 전체를 위험에 빠뜨릴 수 있다. 임기응변, 창의력과 판단력이 결합된 지적인 기습이야말로 부대의 안전과 기습의 성공을 동시에 보장해 준다.

자신이 전체 작전에서 어떠한 위치에 있는지, 적의 현재 상황이 어떠한지 상황인식이 먼저 된 다음 행동을 결정하여야 한다. 아군이 숨어야 할 상황인데 눈앞에 적이 있다고 공격하면 오히려 아군의 전체 작전에 악영향을 줄 것이며, 기습 이전에 이것이 적의 함정인지 판단할 수 있어야 한다. 용맹과 무모함은 구분되어야 하며, 이 구분은 지적인 능력에 달려 있다. 지적인 능력이야말로 상황 판단력과 임기응변, 문제해결력의 원천이다.

독일군이 소련군을 상대로 최대 1:7의 병력의 열세 하에서도 밀리지 않은 이유는 바로 독일 장병 개개인이 지적인 능력에서 앞서 있었기 때문이다. 몰트케가 임무형 작전을 믿고 추진한 것도 독일 교육에 대한 신뢰와 이 교육시스템에서 양성된 장병 개개인을 믿었기 때문이다. 프로이센이 1804~1805년 사이에 나폴레옹의 지배를 받을 때 프리드리히 빌헬름 3세가 훔볼트의 건의를 받아들여 국민교육제도의 형성에 노력을 기울였고, 피히테가 '독일 국민에게 고함'이라는 강연을 함으로써 국민교육의 중요성을 강조하였다. 이러한 국민적인 노력에 의해 독일은 유럽에서도 가장 우수한 공교육 시스템을 갖출 수 있었고, 이를 바탕으로 1901년부터 1933년까지 자연과학 분야의 노벨상 31개를 휩쓸었다. 사병은 초등교육, 하사관은 중등교육, 장교는 고등교육을 받은 지적인 군대가 독일군이다. 농민을 징집하여 군복만 입혀 논 농민군인 소련군은 복잡한 무기와 암호통신을 이용할 준비조차 안 된 상태에서 전쟁을 맞이했다.

높은 교육수준과 임무형 작전이 결합된 부대는 낮은 교육수준과 중앙통제적인 상명하복식 분위기, 형식주의, 획일주의에 익숙한 군대를 상대했을 때 비록 병력의 숫자와 무기의 열세의 상황 하에서도 이를 반전시킬 저력이 있다. 교육수준이 낮고 지적인 능력이 떨어진 군대는 준비된 작전은 강하지만, 기습과 같이 상황 판단력이 선행되어야 하는 작전은 스스로 창조할 수 없다.

(2) 합리성에 기초한 연구정신

전술은 일정한 패턴을 가졌다. 전술의 목적을 달성하기 위해서는 적의 장단점을 연구하여 장점을 무력화시키는 방법을 연구하라.

팔랑스, 로마군단 그리고 칸내전투
팔랑스는 B.C 3,000여 년경 수메르 지역의 전술대형으로 알려져 있다. 그리스인들은 B.C 7세기부터 이 전술을 받아들여 발전시키다가 마케도니아에 이르러 효율성에 있어 최고조에 달해 천하무적의 전술이 되었다. 하지만 이 무적의 전술은 로마군단과의 두 번의 전쟁에서 패하면서 몰락하고, 로마군단이 지중해 최고 무적의 전술이 되었지만, 이 무적은 칸내에서 한니발에 의해 다시 전멸되었다. 무적이라 생각되던 전술이 어떻게 무너졌는지 그 과정을 추적하면 전술의 발전 방향을 알 수 있고, 전술의 발전은 적의 무기의 효율은 극도로 떨어뜨리고, 아군 무기의 효율은 극대화하는 방향으로 발전함을 알 수 있다. 이러한 효과를 얻기 위해 당시의 사람들이 얼마나 합리적인지, 얼마나 치열한 연구정신, 실험정신을 가졌는지 알 수 있다. 따라서 전투에서의 승리는 합리성에 근거한 연구정신으로 상대의 전술을 분석하여 그 약점을 찾아내거나 그 강점을 무력화하는 방법의 연구정신, 실험정신에서 나온다.

그림 팔랑스와 로마군단의 장단점과 칸내 전술의 특징을 살펴보자.

팔랑스는 사리사라는 장창(길이 4.5m, 무게 45kg)과 둥근 방패로 무장한 250명 정도의 군인의 밀집대형이다. 그림과 같이 거대한 고슴도치를 연상시켜

그리스의 팔랑스. 공격력은 최고이나 유연성은 떨어진다.

보기만 해도 공포감을 느끼기에 충분하다. 제1열은 장창을 허리까지 들어 올리고 제2~4열의 병사들은 앞 병사의 어깨 위에 창을 올려놓고, 그 이후는 창을 세우고 있다. 따라서 적의 입장에서 보면 창이 마치 장미의 가시처럼 촘촘히 나와 있고, 창이 길다 보니 일단 대형에 접근이 어렵고, 팔랑스의 정면공격의 충격력은 당해낼 재간이 없을 것이다. 앞의 병사가 쓰러지면 뒤의 병사가 간격을 메우고, 방어는 방패의 절반은 자신을, 절반은 좌측 병사를 방어해 준다. 좌우 간격을 좁혀 방패로 가리고, 여러 개의 창으로 동시에 찌르면 상대는 근접전에서 대응수단이 없다.

팔랑스의 장점은 정면에 대한 공격력, 방어력은 아주 강하다. 그리고 개인적인 후퇴는 불가능하므로 전원이 한배를 탄 공동체의식이 강하다. 하지만 약점도 있다. 우선 250명이 단일조직이므로 250명이 신호에 맞추어 일사불란하게 방향을 전환하기가 쉽지 않다. 더구나 단검도 아닌 45kg의 무겁고 긴 창을 가지고 갑자기 방향 전환을 하기가 쉽지 않다. 더구나 1~4열의 창은 서로 섞여 있다. 측면이 갑지기 공격당할 때 신속한 방향 전환으로 창을 적의 방향으로 돌리지 않으면 그냥 당할 수밖에 없다. 배후에 대한 위협은 재앙이다. 한마디로 정면은 강하지만 기동성과 유연성, 즉응성이 매우 부족하다. 그리고 항상 촘촘한 밀집대형을 유지해야 하므로 굴곡진 지형에서는 대형을 유지하기 힘들다. 또한 측면 일부의 붕괴는 밀집대형의 간격을 허용해 이 간격을 통해 적이 쇄도해 들어오면 대응이 어렵다.

마케도니아 밀집부대(팔랑스)의 효율이 최고조에 달할 즈음, 로마는 군단이라는 전술을 발전시켰다. 군단은 약 4,000~5,000명으로 구성되며, 전술의 단위는 200명 단위의 마니펠(Manipel)인데, 현대의 중대 개념이다. 이 마니펠은 다시 100명의 센추리(Century)로 구성되며, 현대의 소대 개념이다. 최소단위 조직이 팔랑스보다 더 적다. 병사는 좌우 1미터의 공간을 유지하며 마니펠간은 앞뒤로 30미터, 좌우로 100미터의 간격을 유지한다. 군단은 팔랑스처럼 촘촘하게 붙어 있어야 할 필요성이 없었고, 개인간, 마니펠간 넉넉한 공간이 확보되었기에 굴곡이 심한 지형에서도 대형이 흐트러지지 않고 전투력을 유지할 수 있었다.

무장은 창과 단검을 소지하는데, 일단 창을 원거리에서 동시에 던져 적에게 1차로 적을 살상케 하거나 적의 방패에 관통케 하여 방패를 못 쓰게 만든다. 그 다음 글라디우스라는 육중한 단검으로 적을 베거나 찌르는데, 팔다리와 머리가 잘려 나가고 심장부가 갈라질 정도로 그 파괴력이 강하다. 팔랑스의 창이 난순히 찌르기라면 단검은 사지를 베어버리니 살상력이 찌르는 창에 비해 훨씬 가공스럽다. 또한 팔랑스의 창을 부러뜨릴 정도이다. 이제 팔랑스의 창은 단검 앞에서 무력하다.

이러한 단검을 자유자재로 사용하기 위해 좌우 병사간에는 1미터의 간격이 필요하다. 단검은 파괴력은 강한 대신 짧은 관계로 적으로부터 병사들을 잘 보호하지 못한다. 그 대책으로 방패의 크기를 더욱 확대시키면서 볼록하게 만들어 보다 넓은 부위를 가릴 수 있도록 만들었다. 그리고 방패는 자신만을 보호하므로 공간 확보가 가능하여 검을 더 자유롭게 구사할 수 있다. 만약 팔랑스처럼 방패로 옆 사람도 보호해 주어야 한다면 검은 오직 찌르기만 가능할 것이다. 큰 방패가 행동의 자유를 준 것이다.

그리스 팔랑스의 장점이 장창의 공격력과 파괴력이요, 단점은 비유연성이라면, 로마군단의 장점은 무기 자체보다 마니펠 단위로 움직이는 조직의 유연성이다. 팔랑스는 250명으로 구성되지만, 각 팔랑스는 전체 대형 내에서 기동의 여지가 없다. 하지만 마니펠은 독립적이고 기동성 있는 자율적인 전술단위로 방향 전환과 이동이 자유롭다. 즉, 그때그때의 상황에 따라서 융통성 있는 대처가 가능한 유연한 조직이다.

팔랑스가 오직 정면공격만 가능한 반면, 로마군은 마니펠 단위로 또는 센추리 단위로 쪼개어져 유연한 기동이 가능하다. 자마전투처럼 적의 측면으로 돌입할 수 있고 대형을 순식간에 횡으로 길게 늘여 양익 포위도 가능하다. 이의 전제조건은 공간 확보이다. 자유로운 단검 사용, 자유로운 기동을 위해서는 적당한 간격이 존재해야 했다. 만약 로마군단에 병사간의 공간, 마니펠간의 공간이 없다면 각개 병사는 칼을 휘두를 수도 없고, 마니펠은 기동성도 없으니 대형의 신속한 변화와 이동도 불가능하여 로마군단의 장점은 모두 없어진다.

전술의 천재인 한니발이 이러한 로마군의 전술 패턴을 모를 리 없을 테고, 그는 이 공간을 없애기 위한 방향으로 작전을 수립하였으니, 그 결과가 칸내전투이다. 칸내전투는 섬멸전의 모범이고, 세계 모든 군인들의 꿈이지만 그저 중앙 유인, 양익 포위라는 눈에 보이는 대형으로만 도식적으로 이해하면 본질은 놓친다. 칸내전투에서 한니발이 펼친 양익 포위와 기병에 의한 배후의 타격이 승리의 원인이라고 하나, 사실 그 이전에 거대한 숫자(60,000명의 보병, 이는 평소 전투 숫자의 2배)의 보병이 협소한 한니발의 중앙에 무리한 정면공격을 하다 보니 서로 밀리고 밀리어 마니펠 사이의 간격이 없어짐은 물론이요, 보병과 보병 사이의 간격조차도 없어져, 한니발의 양익 보병이 측면을 강타하고 기병이 후면을 강타할 때 자신들이 가지고 있던 단검조차 뽑을 수가 없었다.

이들은 포위되어서 전멸한 것이 아니라 저항할 수가 없어서 전멸된 것이다.

만약 마니펠 사이의 간격이 충분하고 인접 병사 사이의 간격도 있었다면 설사 측면공격을 당하여도 위치를 좌, 우, 뒤로 전환하여 사주방어 형태로 싸웠다면 충분히 돌파해 나갈 수 있었을 것이다. 결국 칸내전투에서 한니발이 노린 것은 로마군단의 핵심인 마니펠의 기동성, 단검 사용의 공간성의 차단이었고, 이를 위해 중앙을 볼록하게 하여 처음부터 적의 가지런한 전열을 흩트려 놓고 중앙을 후퇴시켜 로마군으로 중앙으로

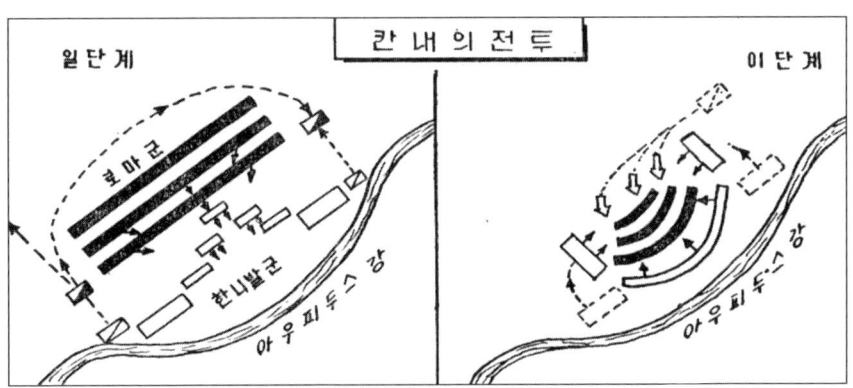

칸내전투의 핵심은 단순 양익 포위가 아닌 우선 좁은 곳으로 끌어들여 로마군단의 병사간 간격을 없애 로마군단 특유의 기동성, 유연성을 차단하여 저항을 못하게 하는 것이다.

몰려오도록 유인한 것이다. 중앙으로 밀려들어올수록 로마군단의 마니펠 간, 개인간 공간은 없어지고 결국 모든 공간이 완전히 없어질 때, 양익 포위 기동에 들어간 것이다. 모든 공간을 상실한 로마군은 칼집에 있는 칼조차 뽑을 수 없을 정도였으니 자신의 무기 효율은 제로이다. 이로써 한니발은 적의 무기 효율을 붕괴시키고 아군의 무기 효율은 극대화시켜, 전사상 가장 완벽한 승리를 얻었다. 이 모두 한니발이 로마군단에 대한 완벽한 이해와 연구를 통해서 적의 장단점과 이에 대응한 전술을 개발한 결과이다.

이와 반대로 자마전투에서는 스키피오는 로마군단의 장점인 마니펠 단위의 전술기동의 이점을 살려 중앙 돌파가 아닌 거꾸로 로마군에 의한 양익 포위 기동을 계획하는 한편, 한니발 군대의 완전한 섬멸을 위해 배후를 공격할 많은 기병을 확보했다. 우선 1단계에서는 정면과 양 측면 공격으로 한니발의 정예부대 전면에 있는 적(2류급 부대)을 없앤 다음, 한니발의 정예부대와 접전하기 전 대형을 기다란 활 모양으로 신속히 바꾸

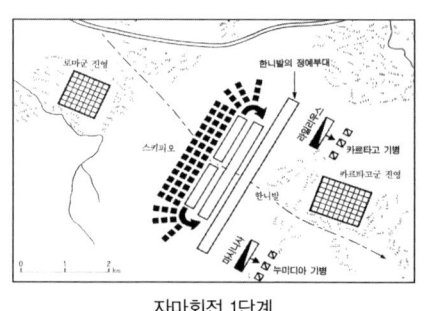
자마회전 1단계

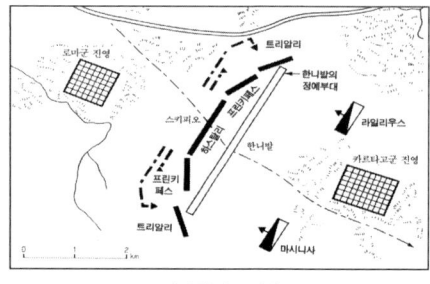
자마회전 2단계

자마전투에서 로마군 승리의 원인은 유연한 대형 변화이며, 이는 마니펠 단위의 기동이 가능한 공간 덕분이다.

어 한니발의 정예 보병을 다시 넓게 양익 포위를 하였다. 로마군 기병은 이미 카르타고 기병을 제거하고 한니발의 배후로 들이닥쳤다. 칸내전투의 재현이다. 로마군단의 장점인 마니펠 단위의 유연한 전후, 좌우 기동으로 즉흥적인 대형의 변화가 가능한 결과였다.

반면, 한니발은 2류급으로 로마군의 기력을 뺀 다음, 뒤에 대기시킨 싱싱한 정예부대 15,000명으로 지친 로마군을 쓸어버리려 했지만, 스키피오가 불과 200m의 거리를 앞두고 대형을 일자 대형에서 갑자기 활 형태로 바꾸어 우세한 병력으로 포위를 시도하였다. 한니발로서는 전혀 예상치 못한 대형의 기습적인 변화이다. 대형을 바꾸는 시기야말로 절호의 공격 기회였으나 갑작스러운 상황에 이를 놓쳐, 한니발은 수적 우위의 로마군의 양익 포위에 직면한데다, 로마군의 기병이 카르타고의 기병을 전멸시키고 배후로 쇄도하였다. 마치 칸내전투의 카르타고 기병이 로마군의 배후를 공격하듯이. 로마군은 자마전투의 승리로 포에니 전쟁을 승리로 마무리하였다.

아무리 무적처럼 보이는 부대도 그들의 전술을 치열하게 연구하면 대안이 나온다. 따라서 군인은 단순한 사격훈련이나 틀에 박힌 형식적인 훈련이 아닌 적의 전술을 합리적인 관점에서 연구해야 한다. 현대전에서 요구되는 군인은 강한 근육보다 수준 높은 지성이 필요한 이유다. 이러한 지성이 없고 단지 공격 정신만 강조하면 2차 대전 일본군처럼 부하뿐 아니라 나라를 사지로 내몰 뿐이다.

칠천량 전투

조선 조정의 무리한 부산포 공격을 거부한 이순신 장군은 임금 능멸죄에 선조의 질투심까지 겹쳐 죽을 고비를 겨우 넘기고, 백의종군하였다. 조선 수군의 지휘권은 원균에게 넘어갔지만, 그 역시 부산포의 공격은 적의 아가리에 머리를 들이미는 무모한 작전임을 뒤늦게 알고 공격을 거부하다가 도원수 권율의 강압에 못 이겨 출전했다. 하지만 일정한 목표도 없이 이리저리 전전하다가 거제도의 칠천량에 정박하게 되었다(1597년 7월 16일). 왜군은 지친 조선 수군을 1,000여 척으로 포위하기로 하고 밤새 수군을 모았다.

정면공격을 시도하다 조선 수군의 함선과 화포의 우수성 때문에 연전연패하자 정면승부가 아닌 기습전으로 방법을 바꾸어 칠전량에 정박(경계도 없이) 중인 원균이 지휘하는 조선 수군을 새벽에 기습하였다. 조선 수군이 포구에 닻을 내리고 모두 잠든 사이에 자신의 장점인 등선 단병접전으로 조선 수군을 완전히 전멸시켰다(12척은 다행히 도망가고, 이 12척으로 이순신은 명량대첩을 이루었다). 일본 수군은 자신들의 장기인 등선 단병접전이 조선 수군이 원거리에서 화포를 쏘며 접근을 거부하자 정박 중인 함선을 기습하여 자신들의 무기 효율은 극대화시키고 적의 무기 효율은 떨어뜨렸다.

(3) 무기에 대한 완벽한 이해

전술은 무기의 운용을 전제로 하기 때문에 무기에 대한 완벽한 이해를 전제로 전술을 개발하여야 한다. 여기서의 무기는 자신의 무기뿐만 아니라 상대의 무기도 의미하며, 현재의 무기는 물론 미래의 무기도 모두 아울러야 한다. 아무리 완벽해 보이는 무기도 자세히 연구하면 반드시 약점이 있다. 이 약점을 이용하여 적의 무기를 무력화시켜 적의 무기 효율을 제로로 만드는 것이 전술의 시작이다. 대표적인 두 가지의 전사를 통하여 아무리 강한 무기도 약점이 있으며, 전쟁은 지능과 효율로 하는 것임을 알 수 있다.

체첸전에서의 전차와 시가전

1994년 제젠의 분리녹립주의을 막고 카스피해 유전의 송유관의 안전한 확보를 위해(세계 최대 유전 중의 하나인 카스피해 유전은 체첸을 거쳐서 러시아로 수송) 체첸을 침공한 러시아는 체첸의 수도 그로즈니에서 전차만의 단독 시가지 진입으로 소총과 기관총, RPG-7과 같은 소화기로 무장한 체첸군에게 전멸에 가까운 타격을 입었다. 러시아가 자랑하는 최신의 전차가 체첸의 게릴라에게 어이없이 전멸당한 것이다.

체첸군의 대전차 임무의 최소단위는 4명이 한 조를 이룬(소총수, 기관총사수, RPG-7사수, 탄약수) 분대이다. 이들은 지하나 2층 같은 전차포의 사각지대에서 공격을 하는데, 소총수와 기관총사수가 측면이나 상부의 반응장갑(네모난 블록으로 생긴 장갑)을 파괴시키면 RPG-7사수가 그 빈틈이나 연료통, 엔진실에 로켓을 발사한다. 보통 3개 분대가 한 조를 이루어 전차 하나를 집중 공격하여 파괴율을 높였다(보통 전차 1대에 3발에서 6발 피탄). 체첸군은 아이러니하게도 소련군에서 복무한 경험자들이었기에 소련 전차의 단점을 누구보다도 잘 알고 있었다.

전승기념 60주년 행사에서 T-80 전차의 위풍당당한 행진 모습

체첸의 수도 그로즈니에서 게릴라에 의해 파괴된 T-80 전차의 처참한 모습. 보병, 포병, 헬기의 엄호 없이 전차만의 시가지 단독 공격이 얼마나 무모한지, 그리고 전차도 소화기의 측면, 배후 공격에 속수무책임을 보여주는 교훈이다.

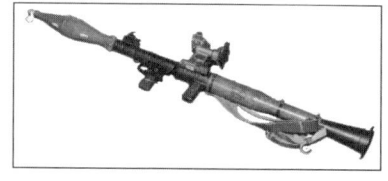

구소련에서 개발한 대전차 로켓 RPG-7. 저렴하지만 위력적인 가난한 자의 든든한 무기이며, 세계적인 베스트셀러

그러기에 단 한 대의 전차 없이도 체첸군은 단지 소화기와 적 전차에 대한 약점 분석으로 시가지로 단독 진입한 러시아 전차 90%를 파괴하여 러시아 전차의 무덤이라는 별명을 만들었다. 적의 무기 효율은 최소화하고, 나의 무기효율은 극대화하는 전술 원칙에 완벽하게 부합된다.

소련은, 이러한 교훈을 바탕으로 2000년 3월, 2차 체첸전에서는 우선

철망형 장갑을 두른 미군의 스트라이커 장갑차. RPG-7의 로켓 탄두를 철망 사이에 끼게 하여 신관의 폭발을 막는다. 저렴한 무기에 대응한 저렴한 대응책이다.

대규모 포격과 항공기 폭격으로 시가지를 초토화시킨 후 전차와 장갑차의 엄호 아래 보병이 각 구획별로 정밀 수색을 한 후, 전차가 이동하였다. 그리고 전차에 철망 장갑을 입혀 RPG-7의 단점인 접촉신관의 작동을 방해했다(RPG 탄두의 신관은 목표에 닿으면 전기를 발생시켜 뇌관을 터뜨리는 압전식이다. 따라서 로켓의 탄두가 접촉하지 않으면 폭발이 일어나지 않는다). 이러한 준비로 체첸의 대전차 게릴라전을 무력화시켜 그로즈니를 점령하였다. 러시아와 체첸간의 전투는 서로 자신의 무기 효율 극대화를 위한 경쟁의 연속이었다.

거함거포주의와 뇌격기

러일전쟁의 동해 해전에서 일본의 압승은 거함거포에 대한 믿음을 재확인시켜준 결정적인 해전이었다. 이 해전의 영향으로 각국은 거함거포주의 시대에 돌입하였다. 하지만 아이러니하게도 이러한 거함거포주의에 종말의 서곡을 알린 것은 일본 해군이었다.

진주만 기습을 결정한 후 일본 해군의 최대 고민은 진주만에 정박한 미국의 대형 전함을 어떻게 공격하느냐 하는 것이었다. 당시 경(輕) 폭격기에 의한 공중 폭격만으로는 전함의 두꺼운 상부 장갑을 뚫을 수 없어, 어뢰 공격기(뇌격기)를 사용해야만 했다(뇌격기는 어뢰를 낙하시켜 배의 흘수선 아래를 공격하므로 배의 침수를 유발하여 매우 치명적이다. 뇌격기가 나오기 전까지 거함거포는 그 자체로 무적이었다. 항공기에 의한 폭격은 극히 낮은 정확도와 당시 폭격기의 폭탄으로는 두꺼운 전함의 상부 장갑을 파괴시키지 못하였기에 여전히 전함은 항공기에 대해 절대 우위를 자랑했다).

하지만 진주만의 수면이 낮아 어뢰 공격에 적합지 않았다(어뢰는 투하 시 중력과 관성에 의해 물속 깊숙이 들어갔다가 다시 떠올라 돌진함으로, 어느 정도 깊이의 수면이 필요하다. 따라서 진주만과 같은 낮은 수심에서는 어뢰가 그냥 바닥에 처박힌다). 이에 일본 해군은 어뢰에 나무 안정판을 달아서 이러한 문제점을 극복하였다. 이러한 개량에 힘입어 진주만에서 침몰한 미 해군의 대부분의 전함은 바로 항공기에서 투하된 어

나카지마 97식 뇌격기. 진주만에서 미국의 순양함을 격침시킨 주인공

미국의 대표적인 뇌격기인 TBF 어벤저. 일본이 자랑하는 72,000톤급 전함 야마토와 무사시를 침몰시킨 주인공

배수량 72,000톤급 전함 야마토. 제대로 전투 한번 못해 보고 미국의 뇌격기 어뢰 13발에 침몰하였다.

뢰의 공격 때문이었다. 이때부터 거함거포의 시대는 지고, 항공모함의 시대가 왔다고 한다. 하지만 더 정확한 표현은 뇌격기가 있었기에 항공모함이 의의가 있다.

아무리 무적으로 보이는 적의 무기도 간단한 개량을 통한 신무기로 간단히 제압한 것이다. 1930년대 건조하기 시작한 세계 최대의 전함 야마토 전함은 거함거포주의 시대의 대표적인 거함이지만, 이 거대한 전함 역시 13발의 어뢰에 짐몰하였다. 자매함인 무사시호 역시 17발의 어뢰로 침몰하였다. 진주만 기습 당시에 뇌격기의 사용을 단념하고 그냥 폭격기만으로 미 전함을 공격했다면 그렇게 압도적인 전과를 올리지 못했을 것이고, 여전히 바다의 제왕은 항공모함이 아닌 전함이 되었을 것이다.

일본 해군은 자신의 무기에 대한 철저한 개량으로 불가능하다고 생각했던 항구에서의 어뢰 공격 전술을 성공시킨 것이다. 한 줌의 어뢰가 수만 톤에 이르는 거인을 쓰러뜨린 것이다. 무기에 대한 철저한 분석과 개량 그리고 새로운 전술의 개발로 이룬 전과이다. 물량보다 더 중요한 것은 효율임을 다시 한 번 증명했다.

Ⅳ. 작전론

1. 작전의 목적

작전의 목적은 최소의 희생으로 부여받은 목표를 달성하는 것이다. 많은 피해를 입고 목표를 달성한 작전은 실패한 작전이다. 부여받은 목표는 명확하지만 실행하기 위한 방법을 찾는 것은 대단히 어렵고 지적인 작업이다. 가지고 있는 자원은 제한되어 있는데 목표는 너무 멀리 있고, 적의 저항은 만만치 않으며, 수많은 변수가 언제 악마가 되어 나의 발목을 잡을지 모른다. 작전이 어려운 것은 바로 이러한 불리한 상황을 극복하여 최소의 희생으로 목표를 달성하느냐에 있다.

역사적으로 기억에 남을 만한 명작전은 어려운 상황을 극복하고 불리한 조건 속에서 성취되어졌다. 압도적인 전력, 최첨단 전력으로 한세대

전의 후진 군대를 상대하여 이긴 작전을 두고 뛰어난 작전이라고 하지는 않는다. 이러한 유리한 조건을 가지고도 승리하지 못한다면 그것이 수치이다. 첨단 화약 무기로 무장한 서양군대가 아프리카 원주민을 상대로 이겼다고 훌륭한 작전이라고 하지는 않는다. 군대는 항상 열악한 상황에서 승리할 수 있도록 훈련받아야 한다. 단순 반복적인 사격연습, 뻔한 시나리오에 따라 로봇처럼 기계적으로 움직이는 훈련은 전시에 전혀 의미가 없다. 이런 훈련만 받은 군대에게 어려운 작전을 실행시킬 수 없다. 쉬운 작전은 정면전이다. 하지만 희생이 크면 결과도 불확실하다. 어려운 작전을 부여할 수 있는 믿음직스러운 군대야말로 최소의 희생으로 목표를 달성할 수 있다. 뛰어난 작전은 구현하기 어렵다. 그렇다고 시행착오를 하는 실전경험 속에서 배울 수는 없다. 현대전은 한 번의 회전이 전쟁의 운명을 결정하는 단기전이다.

자신이 가진 무기를 완벽하게 숙지하고, 다양하게 응용하도록 훈련받은 군대, 돌발적인 상황에서 대처가 가능한 부대, 상부의 명령 없이도 단독으로 문제를 해결할 수 있는 군대만이 최소의 희생으로 부여받은 목표를 성취할 수 있다. 다음의 작전의 원칙은 단지 방법론이다. 작전은 수립보다 실행이 어렵다. 다음의 원칙은 훌륭한 작전에서 발견된 공통점을 정리한 것이다. 말은 쉽지만 실행은 어려우며, 이를 실행하기 위한 훈련은 더 어렵다는 것을 명심해야 한다. 작전이 아무리 신출귀몰하더라도 이를 실행할 군대가 준비되어 있지 않으면 의미가 없다. 작전은 작전을 수행할 군대의 눈높이에 맞추어 수립되어야 한다.

2. 작전의 원칙

(1) 적의 의도를 역이용하라

흔히 작전 수립하면 우선 전쟁의 원칙을 떠올린다. 공격의 원칙, 기습의 원칙, 집중의 원칙, 기만의 원칙 등등. 하지만 이런 기계적이고 판에 박힌 작전은 적도 이미 알고 있다. 인류역사상 어떤 작전도 동일한 조건은 없으며 모두 백인백색이다. 작전마다 각각 고유의 특징이 있고, 조건이 있으며, 변수가 있다. 작전에서 상수는 극히 적으며, 수많은 변수를 고려하여야 하며, 수많은 경우의 수를 고려해야만 한다. 이런 조건을 무시하고 무조건 공격의 원칙, 무조건 집중의 원칙만 도식적으로 적용한다든가, 유명한 전사(예를 들어 칸내전투)를 재현하기 위한 기계적인 양익 포위 작전은 실패하기 쉽다. 적도 바보가 아닌 이상 칸내전투의 조건이 지금의 눈앞의 조건과 일치하지 않기 때문이다. 칸내전투의 양익 포위 전술이 성공하려면 칸내전투와 완벽하게 동일한 여건이 조성되어야 한다.

작전 수립의 기본은 적의 의도를 우선 간파하고, 이를 역이용하여 적을 함정에 빠뜨리는 것이 작전 수립의 시작이다.

역사적으로 유명한 전사, 최소의 희생으로 엄청난 전과를 올린 전사는 모두 적을 함정에 빠뜨린 기만이 전제된다. 단순한 공격, 기습은 최초에는 충격 효과가 있지만, 적도 충격에서 회복되어 전열을 가다듬고 반격을 해오면 초기의 이점은 점점 사라져 정면승부가 된다(6·25 당시 한국군처럼). 특히, 나의 의도가 상대에게 완전 파악되었다면 아주 전력 차이가 크지 않는 한 실패할 확률이 매우 높다. 역사적으로 쿠르스트 전투의 경우 이미 독일군의 의도를 소련군이 완전히 파악하여 완전 요새로 만들었고, 미드웨이 해전의 경우 일본군의 암호를 해독하여 미군은 매복, 기습으로 일본 항모 4척을 순식간에 침몰시켰으며, 버마 임팔작전도 일본군의 의도를 이미 파악한 영국군의 위장 후퇴에 걸려들어 결국 완전 실패로 끝났다.

결국 작전은 적의 의도를 읽고 이를 역이용하면 성공이요, 반대로 적이 나의 의도를 이미 알고 있다면 그 작전은 거의 대부분 실패다. 함정에 빠뜨려야만 적의 무기 효율은 떨어뜨릴 수 있고, 적의 무기 효율이 떨어져야만 적은 자신의 전력의 극히 일부만 발휘하니 아군의 전력은 상대적으로 강해져 결국 약한 적과 상대하니 쉽게 이기는 원리이다.

예를 들어 계곡을 주의 없이 통과하다 매복에 걸린 부대는 비록 좋은 무기가 있어도 이를 효율적으로 사용할 수 없으며, 반대로 매복에 성공하여 공격하는 부대는 비록 무기가 다소 뒤져도 무기의 효율을 최대한 살릴 수 있다. 적 전력은 극소화되고 나의 전력은 상대적으로 극대화된다. 공격작전, 방어작전 모두 마찬가지다. 공격시에는 적의 진지를 분석하여 적군이 무엇을 근거로 이러한 배치를 했는지 연구하다 보면 그들이 생각하는 아군의 예상 공격로나 예상 공격 패턴을 미리 알 수 있다. 마찬가지로 방어시에도 적이 어떻게 공격할지 그 의도를 알면 적을 단순히 막는 것을 넘어서 이를 역이용하여 함정에 빠뜨려 공세적 방어가 가능하다.

적의 의도를 파악하여 이를 역이용하는 방법이 어렵다면 반대로 역정보를 흘려 적이 오판하도록 하는 것도 한 방법이다. 아군의 배치를 아군의 실제 의도와 반대로 배치하여 적이 반대의 판단을 하게 하고 이를 역이용한다던지 엉뚱한 공격 방향을 지향하는 것처럼 한다든지(양익 포위를 할 것처럼 기만하고 중앙돌파, 아니면 이의 반대) 등등. 이러한 기만의 사례는 역사적으로 수없이 많아 일일이 열거하기 힘들다.

과거처럼 적으로 하여금 아군의 의도를 전혀 모르게끔 하는 것은 정보 수단이 발달한 현대전에서는 불가능하다. 2차 대전 독불 전쟁처럼 독일군이 슐리펜 계획의 재판으로 북부전선에 주공을 두는 것처럼 적을 오판케 하고 아르넨 숲 속에 전차를 배치하는 것도 더 이상 통하지 않으며, 진주만 기습과 같은 작전은 더욱 어렵다.

이미 지상에 노출된 무기는 모두 적에게 노출된다는 전제 하에 작전을 수립하여야 한다. 정보 수단의 발달로 나의 기도를 완전히 숨기고 전격적으로 공격하여 기습을 달성하기는 점점 힘들어지므로, 무기의 기습이 아닌 적의 심리에 대한 기습(일명 뒤통수치기)이 더욱 부각되며, 성공 확률이 높다.

따라서 적의 의도를 미리 정확히 알아채고, 이를 역이용하는 방법이 나의 의도를 완전히 숨기고 기습을 하는 방법보다 더 현대전에 맞다. 작전의 천재 독일 만슈타인 장군의 대표적인 3개의 작전(독불 전쟁, 하르코프 전투, 케르치 전투) 모두 상대방의 의도를 역이용하여 작전에 성공한 사례이다.

케르치 반도 전투

1941년 6월 소련을 침공한 히틀러는 보급의 지연으로 소련의 정복에 실패하였다. 이듬해인 1942년 히틀러는 공격의 주공을 군부에서 주장한 모스크바가 아닌 제정러시아 시대부터 개발되어 세계 3대 유전지대 중의 하나로 손꼽히며, 소련이 전적으로 의존하는 석유 산지인 남부 코카서스의 바쿠 유전지대로 정하였다. 스탈린은 첫해에는 독일이 자원의 보고인 남부 우크라이나 지방을 주공으로 예상하였으나, 오히려 히틀러는 모스크바를 지향하여 예측에 실패했고, 1942년에는 모스크바가 주공이 되리라 예상했다가 히틀러가 남부 코카서스를 지향하는 바람에 또 다시 기습을 당하였다.

독일의 입장에서는 코카서스의 바쿠로 진격하기 위해서는 남부 크림반도의 평정이 필수적이었다. 만약 크림반도의 적을 소탕하지 않으면 측면의 위협과 세바스토플에 기지를 둔 흑해 함대로부터 다시 남부 지방이 노출되는 심각한 전략적 문제가 있어, 크림반도의 평정은 여름 본격적인 남부 공격전에 반드시 해결해야 할 선결과제요, 눈의 가시였다. 이러한 상황 하에서 11군 사령관 만슈타인 장군은 우선 케르치 반도의 소련군을 소탕한 다음, 여세를 몰아 세바스토플을 점령할 계획이었다.

하지만 이러한 막중한 임무를 5월 내에 끝내야 하는(6월부터 남부집단군의 본격적인 공격) 만슈타인의 입장은 결코 유리하지 않았다. 소련 크림 전선군은 4개 전차여단을 포함하여 30만 명의 병력인 반면, 독일 11군이 케르치 반도 공격에 투입할 수 있는 군대는(세바스토플 포위와 남부 해안으로부터의 공격에 대비한 후방부대를 제외한) 독일 1개 기갑사단, 5개 보병사단과 루마니아 1개 군단(2개 보병사단, 1개 기병여단)으로 대략 15만 명 정도였으며, 이 중 루마니아 군대는 사실 별 도움이 안 되는 군대였다. 그리고 야포 및 박격포도 소련군 4,653문인데 반해, 독일군 2,472문으로 1:1.8의 열세, 전차 또한 소련군 213대에 독일군 180대로 1:1.2의 열세였다.

더욱이 만슈타인에게 불리한 점은 지형의 불리함이었다. 고작 20km의 좁은 정면에 소련군은 종심 깊게 방어진을 편성하여 우회 기동의 여지는 없었다. 더구나 소련군은 최전선 뒤에 2개의 후방 서지선을 추가로 확보하여 최전선이 붕괴되어도 2차, 3차 저지선에서 계속 방어전을 펼칠 계획이었으며, 반도 동쪽 끝 케르치 항구를 통해서 계속적으로 증원, 보급을 받을 수 있었다. 이런 상황에서 단순한 정면공격이나 돌파는 무의미했으며, 적은 얼마든지 후방에 마련한 방어선에서 재편성을 하여 지연작전으로 지친 독일군의 공격을 저지할 수 있었다. 이렇게 수적인 열세, 화력의 열세, 지형의 열세 하에서 어떻게 만슈타인 장군은 세계 전사에 빛나는 대승을 거두었을까?

만슈타인은 우선 적의 배치를 통해 적의 의도를 분석하였다. 지도를

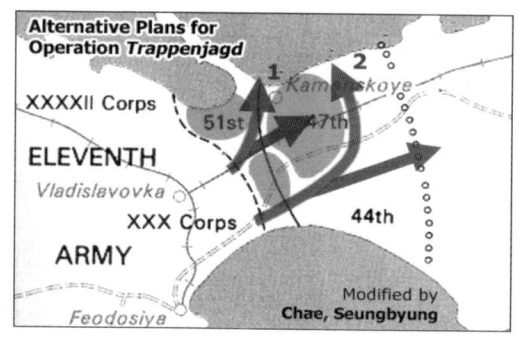

1번은 기만 작전이며, 2번이 실제 작전이다.

보면 루마니아군이 맡은 북부 전선이 크게 돌출되어 있음을 알 수 있다. 이는 이러한 전선이 형성되기 바로 직전에 소련군이 약체인 루마니아 군에 대한 공세로 형성시킨 돌출부이다. 소련군은 독일군이 바로 이 돌출부를 우선적으로 제거하리라 예상하고, 이 돌출부 방어에 전 병력의 3분의 2를 투입하였다. 그리하여 적은 대부분 북쪽 전선에 집중되어 있고, 남부 전선에는 전방에 3개 보병사단, 후방에 2~3개의 보병사단만이 포진되었다. 만슈타인의 작전계획은 적의 의도를 역이용하기로 했다. 즉, 마치 독일군이 소련군의 예상대로 북쪽 돌출부에 주공을 두는 거처럼 가장하고, 사실은 1개 기갑사단을 포함한 전 주력을 남부전선에 투입하여, 전선을 크게 돌아서 적을 전선에서 완전 포위, 섬멸함으로써 적으로 하여금 후방 저지선에서 지연작전을 펼치려는 기회를 차단하려 하였다. 위 그림에서 보면 1번 안으로 공격할 것처럼 기만하여 적의 주력과 예비대를 북부 전선에 묶어 놓은 다음, 사실은 2번 안으로 공격하여 전선의 적과 예비대를 전선에서 완전 포위, 섬멸하려는 계획이었다.

　용의주도한 만슈타인 장군은 적이 포위망을 피해 제2 전선을 구축하려는 시도를 좌절시키기 위해 그로덱 대령에게 별동대로 기동여단을 맡

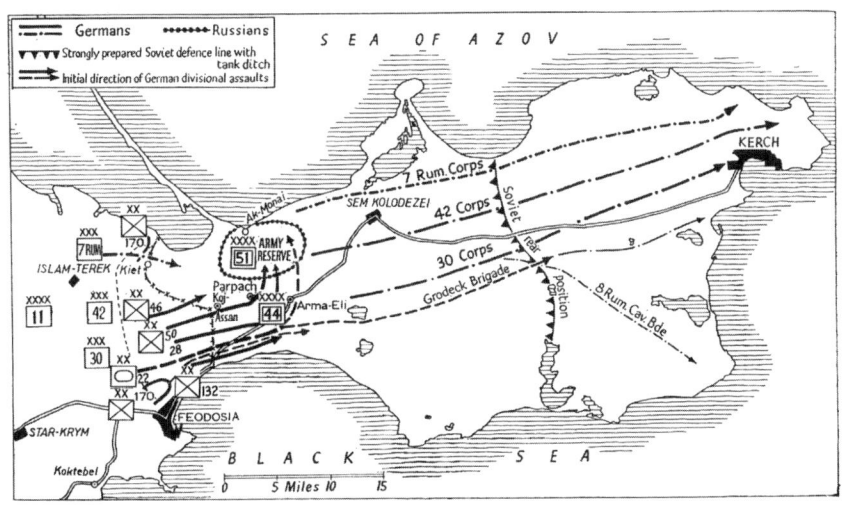

Map 12. Re-Conquest of the Kerch Peninsula (May 1942).

겨 적을 초월 공격, 적이 제2 전선을 형성하는 것과 케르치 항구에서 탈출하는 것을 막도록 하였다(제2의 덩케르트가 되지 않도록).

이러한 계획으로 1942년 5월 8일, 독일 공군의 막대한 지원 아래 시작된 전투는 만슈타인 장군의 의도대로 완벽하게 진행되어 10일 만에 170,000명의 소련군 포로와 1,133대의 화포, 258대의 전차가 독일군의 수중에 떨어졌다. 반면에 독일군과 루마니아 군은 7,000명의 사상자뿐이었다(별동 기동여단를 지휘하여 눈부신 전과를 올린 그로덱 대령은 전투 중 중상을 입고 작전이 끝난 뒤 곧 사망하였다).

이 케르치 반도 전투를 통하여 불가능해 보였던 작전을 완벽한 승리로 이끈 만슈타인의 작전의 핵심은 적의 배치를 통하여 적의 의도를 간파하고, 이를 역이용함에 있다. 만슈타인이 구상한 1940년 프랑스 침공 계획

Ⅳ 작전론 **193**

도 프랑스의 반격 계획을 간파하고, 이를 역이용하여 프랑스, 영국 연합군의 예상대로 북부전선에 주공을 두는 것처럼 기만한 다음, 사실은 가장 약한 중앙의 아르넨 산림지대에 주공을 두어 북부전선의 적 주력을 배후에서 포위한 것도 적의 의도를 역이용한 전형적인 사례이다.

소련 측에서 본다면 소련군은 돌출부를 과감히 포기하고 전선을 조정하여 전선을 단순 수직화하여야 했었다. 전선이 수직화되면 전선 길이가 짧아져 종심이 늘어나고 예비대도 늘어나며 결정적으로 배치 불균형으로 인한 상대적 취약점이 없어진다. 소련군은 이미 얻은 공간에 대한 지나친 집착으로 전력배치의 불균형을 초래, 만슈타인에게 허점을 보였다. 공간은 다시 찾을 수 있으므로 군사적 합리성을 위해 전략적으로 과감히 포기해야 하나, 1942년 당시 소련군은 정치 장교가 군을 지배한 시기로, 이미 확보한 영토를 포기한다는 것은 당의 노선과 이념으로 볼 때 상상할 수 없는 조치였을 것이다. 한 치의 땅도 양보해서는 안 되며, 후퇴는 없다는 스탈린의 명령을 거슬러 군사적 합리성을 내세워 이미 얻은 공간을 과감히 포기하자고 주장하는 그 순간, 그 지휘관은 정치 장교에 의해 패배주의자로 간주되어 바로 수용소행이 되었을 것이다.

결국 소련군의 배치는 군사적 합리성에 근거했다기보다는 정치논리, 당의 이념에 부합하기 위한 무리한 공간 집착증에 따른 병력배치였다. 독일군이 돌출부의 제거를 목표로 할 거라는 판단이 섰다면, 이 돌출부를 없애기 위해 후퇴를 하여 전선을 조정하면 그만이다. 그러면 소련군은 병력운용에 더욱 융통성을 가질 수 있다. 하지만 어렵게 얻은 땅을 잃어서는 안 된다는 강박관념 속에서 방어작전을 펼치다 보니 선택의 폭은 매우 한정되어 돌출부에 집중 배치라는 어이없는 결과를 낳아 남부전선의 공백을 초래하였다. 우리는 여기서 정치논리와 이념이 얼마나 위험한지 다시 한 번 깨닫게 된다. 정치논리에 빠지면 유연성을 상실하고, 선택이 한정되어 스스로 판 함정에 빠지게 된다.

(2) 정보 없이 작전 없다

손자가 말하기를 지피지기면 백전불태라고 하였다. 여기서 지피는 적의 병력 수, 배치, 보유 무기, 전술, 장단점도 의미하지만, 싸우기 전의 적의 의도, 움직임을 의미한다. 작전이 적의 의도를 읽고 이를 역이용하는 것이라고 한다면, 적의 의도는 다양한 형태로 표출될 수 있다. 이러한 형태의 정보를 분석하여 적의 의도를 유추하는 것이 작전의 기본이며, 이를 가능케 하는 것은 정보수집 능력과 이를 분석하는 능력이다. 정보수집 능력이 하드웨어 의존적이라면 정보분석과 적 의도 간파는 전적으로 지휘관의 지적인 능력에 달려 있다.

정보수집 능력은 뛰어난데 이를 엉뚱하게 해석하면 재난이요, 정보분석 능력은 뛰어난데 정보수집 자산이 부실하면 이 역시 불행이다. 사실 우수한 정보수집 능력으로 적의 의도를 정확히 간파한다면 작전의 80% 이상은 성공했다고 보아도 된다. 적의 의도가 보이면 이를 역이용하는 일만 남았고, 이는 크게 어렵지 않다. 적이 공격하는 경우, 적의 의도를 알면 미리 경계를 강화하다가, 적의 의도에 빠져 주는 척하면서 이를 역포위한다든지, 내가 공격하는 경우라면 적이 생각하는 아군의 공격 계획을 역이용하여 적이 예상하는 곳으로 공격할 것처럼 적을 기만하고 전혀 다른 방향으로 공격하면 적을 함정에 빠뜨릴 수 있다.

무기 도입의 최우선 순위는 재래식 무기의 양보다는 바로 정보수집 능력 강화를 위한 정보수집 장치, 암호해독, 정찰기가 되어야 하는 이유이다. 이라크전 당시 이라크군은 육군의 규모에서 세계 4위이지만 몇 개 사단이 안 되는 미군과 제대로 전투다운 전투도 못해보고 일방적으로 당한 원인은 정보수집 능력의 차이이다. 미군은 정찰위성과 J-SATRS에서 이라크군의 위치를 손바닥 보듯이 속속들이 알고 있지만, 이라크군은 자신을 향한 미사일이 어디서 날아오는지도 모른 채 일방적으로 당하고만 있으니 이런 상황에서 어떤 작전을 수립할 수 있겠는가? 적의 의도는 고사하고 적의 위치조차 모르는데. 만약 후세인이 탱크에 투자한 돈의 10%를 정보자산에 투입했다면 그렇게 일방적으로 당하지는 않았을 것이다.

태평양 전쟁의 전환점인 미드웨이 해전에서 미국은 일본군의 암호해독을 통해 그들의 의도를 미리 알고, 이를 역이용하여 연전연승의 일본 해군에 항모 4척 격침이라는 크나큰 타격을 주고 공세 주도권을 회복한 것은 너무나도 유명한 이야기이다. 작전에 앞서 정보에서 승리하였다.

이스라엘이 강한 것은 화력이 강한 것이 아니라 정보전에서 이미 앞서 있기 때문이라는 것은 일반인도 익히 알고 있다. 이스라엘이 무인정찰기 분야에서 세계를 선도하는 것은 그만큼 실전을 통해서 정보의 중요성을 알고 있기 때문이다. 정확하고 신속한 정보야말로 화력의 열세, 병력의 열세를 상쇄시킬 지렛대요, 적의 기습을 무력화시킬 방패요, 적을 기습할 예리한 창이다.

전차, 자주포, 장갑차는 명품으로 엄청난 숫자를 도입하면서 막상 정보자산에는 인색한 군대가 어떻게 기만을 구사하겠는가? 어떻게 적의 불의의 기습으로부터 자신의 안전을 지킬 수 있겠는가? 단지 화력에만 의존하고 첨단무기에만 의존하는 군대, 외형에만 신경 쓰고, 숫자만 늘리려는 부대는 정면공격만 되풀이하다가 인명 희생만 키우고, 화력만 과신하다가 매복에 걸려 첨단무기를 제대로 사용할 기회조차도 없을 것이다.

소련이 아프카니스탄에서 게릴라들에게 고전한 것은 화력이 부족해서도, 공격헬기가 부족해서도 아니다. 정찰 능력에 대한 준비가 소홀했기 때문이다. 무인정찰기가 상공에 떠서 부대 앞에 매복해 있는 게릴라를 먼저 발견했다면 게릴라의 매복에 걸려 스팅어 미사일에 의해 헬기가 격추되는 일도, 대전차 미사일에 걸려 전차가 속수무책으로 당하지도 않았을 것이다. 화력에 의존하는 군대는 화력만 믿다가 작전 수립에 있어 기만과 기동에 소홀히 한다. 화력만능주의는 고비용 저효율의 군대를 만들고, 작전에 있어서도 많은 전비를 요구한다. 미사일, MLRS가 있으면 무엇 하나? 타깃이 어디에 있는지를 모르는데. 적이 어디서 올지 모르는데. 그리고 병력 숫자만 늘리려는 부대, 병력 감축에 인색하고 방대한 병력을 끝까지 유지하려고 하는 군대는 모든 것을 병사의 인력에 의존하려고 한다.

한국군의 장비는 첨단인데, 정보자산은 6·25전쟁 때와 별반 차이가 없다. 군단급 무인기 송골매, 금강산까지 커버하는 금강정찰기, RF-16정찰기, 정찰위성 등이 있지만 너무 형식적이다. 3일에 한 번 촬영하는 정찰위성이 하루 단위로 작전을 수립해야 하는 기갑사단에게 도움이 되겠는가? 금강정찰기가 전방 소부대 전투에 얼마나 도움이 되겠는가? 아직도 휴전선과 해안선에 방대한 병력을 배치시키고 뜬 눈으로 밤을 지새우면서 적의 침투를 경계해야 하는 비효율적인 노동집약적인 군대가 남북 모두에 있다는 것은 안타깝다.

인력으로 하는 편이 무인장비보다 더 확실한 방법이라면 이의가 없지만 96년 강릉 북한 잠수정 침투에서도 입증되었다시피 북한은 잠수정을 이용하여 간첩을 끊임없이 동해안은 물론 제주도까지 안전하게(?) 상륙시켜 왔다. 오죽했으면 북한 잠수정이 가장 무서워하는 것은 어선의 그물이라는 농담 아닌 농담까지 나왔을까.

인력에 의존하는 방식, 피곤한 몸을 이끌고 뜬 눈으로 밤을 새는 후진적인 방식은 이제 한계에 도달하였다.

한반도는 산악지형이므로 군대가 많이 필요할 수밖에 없다는 것도 이치에 맞지 않다. 겨울에 고지는 영하 30도를 오르내리는데, 그러한 장소를 인력에 의존하여 경계해야 한다는 것은 사리에 맞지 않는다. 더구나 낮에 힘들게 전투하고 파김치가 된 장병에게 밤에 뜬 눈으로 경계를 해야 한다는 것은 동사를 부른다. 산악지형이기에 더욱 무인정찰기가 필요하다. 적이 고지전투를 택한다면 무인기로 경계하다가 적이 공격하면 무인기가 알려주는 좌표로 포병사격을 한다면 굳이 전방에 보병을 밀집 배치하여 적의 포병 준비사격에 아군이 노출될 필요가 없고, 희생이 큰 백병전을 할 필요가 없으니 고지 전투에서 오히려 무인기는 더욱 필요하다.

일선 대대급 부대에서 가장 필요로 하는 무인정찰기는 우선순위에서 항상 재래식 화력 증강에 밀리고 있는 것은 아직도 화력 중심, 숫자에 대한 의존도가 높다는 것을 반영한다. 이런 부대에서 과연 기만, 책략을 기대할 수 있을까? 적의 의표를 찌르는 기동을 기대할 수 있을까? 북한이 야포가 몇 문이니 우리도 거기에 맞추어 몇 대를 보유해야 한다는 것은 우리도 북한과 같이 병력 중심, 화력 중심의 산업혁명 시대의 군대로 회귀하자는 것이다.

눈, 귀 모두 가리고 권투를 하면 설사 그 주먹이 타이슨인들 과연 적에게 제대로 된 펀치 한번 먹일 수 있을지 의심스럽다. 적의 의표를 찌르는 기동보다는 화력으로 모두 날려버리겠다는 식의 포병 중심의 전술사상 속에서는 절대 투자대비 높은 효과를 전투에서 얻을 수 없다. 몇 조 원을 들여 한 세대 지난 개념의 비호 대공포를 도입하고 현재도 명품인 K-9 자주포 개량에 다시 투자할 돈은 있어도 정보자산에 투자하기는 아깝다고 생각하는 한, 정보는 미군에게 받아 사용하면 된다는 생각이 바뀌지 않는 한 최소의 희생으로 최대의 전과를 내는 길은 요원하다.

제공권이 없는 상대는 더욱 더 기습전, 매복전, 지뢰전, 야간전투에 의존할 것인데, 이에 대한 대비를 단지 화력 중심으로 대처한다는 것은 고비용 구조의 군을 만들겠다는 것이다. 무인정찰기로 30분이면 끝낼 수 있는 수색을 정찰대를 보내 몇 시간, 또는 한나절을 보낸다면 과연 준비의 기습을 달성할 수 있을까? 현장에서의 기습을 달성할 수 있을까?

그런 군대가 최첨단 전차를 몇 천 대 보유한들 이를 기동성 있게 사용할 수 있을까? 문제는 세계 어느 나라의 군대든지(미국을 제외하고), 정보자산에 대한 투자는 항상 우선순위에서 밀리는 것이 보통이다(특히, 노동집약적인 군대일수록).

(3) 최소한의 교전, 최대한의 기동력

전술이란 적 무기의 효율은 최소화하면서 아군의 무기 효율은 극대화하여 최소의 희생으로 전투를 승리로 이끄는 것이라고 했다. 전술의 목적은 최소의 희생으로 승리를 해야 한다. 만약 승리를 했고, 목표물을 탈취했지만 아군의 희생이 너무 커서 회생불능이라면 결코 그 작전은 성공했다고 볼 수 없다. 역사적으로 가장 완벽한 승리인 2차 대전시의 독불 전쟁을 보면(덩케르트 철수를 허용한 것이 옥에 티) 교전은 별로 없고, 대신 포로는 많았다. 독일군이 만약 주공을 북부에 두고 정면공격에 승부를 걸었다면 1차 대전과 같이 참호전으로 이어져 엄청난 교전을 강요당했을 것이다. 하지만 주공을 중부에 두고 적의 최소저항선을 따라 신속하고 일관되게 공격한 덕분에 이렇다 할 교전 없이도 적을 포위, 섬멸하였다.

적과 많이 교전했다는 것은 그만큼 정면공격에 의존하였다는 것이고, 이는 기동보다는 화력에 의존했다는 것이다. 스탈린그라드 전역, 쿠르스트 전역 모두 정면공격에 의지하다 보니 교전은 많고 기동은 제한되어 독일군은 큰 희생을 초래하였고, 결국 패하고 말았다. 나는 적의 위치를 알고 적은 나의 위치를 모르는 상황에서 공격을 하는 것이 최선이며, 적과 얼굴을 맞대고 정면공격을 반복하는 것은 최악의 전투 방식이다. 전투를 최소화하려면 화력으로 적을 직접적으로 공격하기보다는 기동으로 포위를 하여야 한다. 공격 전에 대규모 준비사격은 6·25와 2차 대전과 같이 안정된 전선, 고정된 진지를 돌파할 때나 필요하며, 끊임없이 이동하는 현대전에서, 몇 시간에 걸친 준비사격은 별 의미가 없다. 오히려 숫자는 적지만 신속한 기동성, 적재적소의 유연한 화력 지원, 정밀포격이 더 효율적이다.

6·25전쟁을 분석해 보면 6·25전쟁시 북한군은 한국, 유엔군을 직접적으로 정면공격만 하였지 주력에 대한 제대로 된 포위기동에는 실패하였다. 반대로 낙동강 전선에서 유엔군의 반격이 만약 북한군을 그대로 북으로 밀어 올리는 작전이었다면, 북한군의 주력은 포위하지 못하고 북으로 도주할 시간을 주고, 아군의 피해도 만만치 않았을 것이다. 하지만 교전은 최소화하면서 기동은 최대로 발휘한 인천상륙작전 덕분에 적을 완벽히 포위하였다.

중공군이 미군에 비해 화력의 현저한 열세에도 불구하고 1·4후퇴를 강요한 것도 인해전술로 밀어붙인 것이 아닌 야간에 한국, 연합군의 느슨한 부대 간격을 통하여 침투한 다음, 측면과 배후를 차단하는 기동전술이 주효했기 때문이다(1·4후퇴가 백만 대군의 인해전술 때문이었다는 선전은 후퇴를 정당화하기 위한 조작이다).

많은 교전은 많은 비용과 많은 희생, 전투의 장기화, 승리에 대한 불확실성을 증가시키고, 여론의 악화를 초래하므로 작전을 수립할 시에는 많은 교전은 피하는 방향으로 수립되어야 한다. 헬기를 이용한 공중 강습 전술도 정면공격을 피하여 교전은 최소화하면서 적을 포위하기 위한 전술의 일환이다. 이렇게 정면공격을 피하는 전술을 다양하게 개발해야 하는 것이 평화시 전문 직업군인의 임무이며, 훈련도 이러한 방향으로 이루어져야지 그냥 총검돌격으로 고지를 점령하는 식의 구태의연한 인명희생을 전제로 한 훈련은 피해야 한다. 무기의 도입 역시 이러한 취지에 부합되도록 이루어져야 한다.

단순히 근거리 사정거리의 포병전력에 39조 원을 퍼붓는 계획은 그야말로 화력이 모든 것을 해결해 주고, 전투는 곧 화력전이라는 6·25식 사고방식이다. 39조 원 중에서 10분의 1만 헬리본 작전을 위한 중형 기동 헬기(지프차 탑재가 가능한)에 투자한다면, 정면 화력 공격으로 많은 비용과 희생으로 얻을 승리를 좀 더 적은 희생과 비용으로 얻을 것이다. 이제 전투의 패러다임을 화력의 투사, 포병에 대한 맹신에서 기동(지상, 공중)과 적의 포위개념으로 바꾸어야 한다.

(4) 작전 명령은 단순하게, 지휘는 분권형으로

작전계획은 부여받은 임무를 달성하기 위한 스케줄이다. 작전계획이 지나치게 상세하거나, 지엽적이거나, 방법론이 되어서는 안 된다. 지나치게 세세한 작전계획은 중앙집권적인 부대 운용을 가져와 예하 부대의 현장에서의 유연성, 임기응변, 창의력을 구속하여 자칫 경직되고, 획일적이며, 교조적인 부대 운용으로 갑작스런 상황에 대응하지 못한다.

현대전은 참호전이나 진지전이 아니며, 계속 이동해야 하는 기동전이다. 우연한 상황, 예기치 못한 상황이 끊임없이 발생한다(이를 클라우제비츠는 '마찰'이라 부름). 기동전에서 전장의 상황은 시시각각으로 변하므로 작전계획시의 피아의 상황과 작전 개시 시점에서의 상황은 큰 차이가 있을 수 있다. 2차 대전 당시의 영국군, 프랑스군은 작전 명령이 너무 구체적이고 세세하였다. 이는 1차 대전 참호전과 같이 거의 변화가 없는 전장에서는 중앙집권적인 세세한 지시가 조직력을 발휘할지 모르나, 차량화된 현대전에서는 오히려 속도에 발목을 잡는다.

반면 독일군은 2차 대전 독불 전쟁에서 세당에 기갑부대의 주력을 투입할 당시 구데리안 군단장이 자신의 예하 3개 기갑사단(6만 명의 병력과 2만 2천여 대의 차량)에 내린 공격명령지가 단 3장뿐이었다. 독일군은 임무형 전술에 의해 상급부대가 예하 부대에게 목표만 하달하고, 이의 구체적인 실현은 예하 지휘관에게 철저히 위임하는 것이 전통이었다. 이것이 도미노처럼 최종적으로는 부사관까지 이러한 임무형 작전을 부여하였다. 이러한 단순한 명령, 권한 위임형 명령체계의 전통이 있었기에 독일군이 세계 최초로 전차를 이용한 전격전에서 성공할 수 있었던 저력이 있는 것이다. 단순히 전차만 있다고 해서 전격전을 수행할 수 있는 것이 아니라는 것을, 지나치게 중앙집권적이고 세세한 작전에 의존하는 2

차 대전 당시의 패전국 프랑스군과 초기 2년간 고전을 면치 못한 소련군에서 볼 수 있다.

독일군 전격전의 하드웨어가 기계화 부대와 급강하 폭격기라면 소프트웨어는 바로 간단한 작전 명령과 과감한 권한 위임으로 예하 지휘관의 자율권을 보장하는 임무형 작전이다. 프랑스와 소련군은 하드웨어는 2차 대전 버전으로 훌륭히 갖추었지만, 소프트웨어는 과거 1차 대전 버전이었다. 아무리 하드웨어가 펜티엄 586이라고 하더라도 그 운용체제가 DOS체제라면 그 CPU 성능의 100분의 1 성능도 이용하기 힘든 것과 같은 이치이다.

작전은 최대한 단순하게, 대신 목표는 명확하게 작성되어야 하며, 구체적인 방법론은 예하 부대에게 맡겨야 한다. 현장에서의 문제는 예하 부대가 즉흥적으로 해결해야 하며, 그래야 속도전을 수행할 수 있다. 만약 작전 명령이 너무 세세하다면 현장에서의 즉흥성은 떨어질 수밖에 없고 상급 부대가 지나치게 예하 부대의 작전에 간섭을 한다거나 지나치게 보고를 요구하면 예하 부대는 피동적이고, 관료화되어 창의적인 사고는 막히고 책임을 지지 않으려고만 하여, 결국 시키는 일만 기계적으로 하는 '자동인형 부대'로 전락할 것이다(중동전의 아랍군대처럼).

2차 대전 독소전에 참전했던 독일군 출신들의 회고록을 읽다 보면 전쟁 초기 소련군은 지나치다 싶을 정도로 교범에 집착하여 부대를 경직되게 운용함으로써 무의미한 손실을 반복해서 입었다고 비판하는 대목을 자주 발견하곤 한다. 이렇게 소련군이 군을 경직되게 운용하는 데는 정치적인 이유가 있다. 소련군에는 심지어 소대급까지 정치 장교가 배치되어 지휘관은 이들의 감시를 받아야 했다. 만약 정치 장교의 눈에 거슬리면 가차 없는 숙청의 대상이 된다는 것을 이미 전쟁 전 대규모 숙청에서 수없이 보았기에 지휘관들은 극단적으로 몸을 사렸다.

지휘의 독립성이 말살된 상태에서 지휘관은 현장에 맞는 임기응변이나 소신에 따른 현장형 맞춤 전술을 구사할 수 없었다. 만약 실패시 무서운 정치 장교의 책임 추궁을 당할 것이 두려웠던 것이다. 정치 장교에게 걸려 형벌 부대에 배속되면 지뢰를 앞장서서 지나가거나 독일군의 방어진지에 정면으로 투입되어 부상을 입었을 경우에만 복권될 수 있었다.

결국 지휘관은 책임에 대한 공포 때문에 무조건 교범집에 따라서 할 수밖에 없었으며, 부하들의 희생과 승패는 그 다음 문제였고, 자신이 열심히 싸웠다는 것을 보여주는데 급급했기에 융통성 있고 유연한 작전은 원천적으로 불가능했다. 이것이 소련군이 동일한 장소에서 동일한 시간에 동일한 방법으로 계속해서 제파식 정면공격으로 독일군의 좋은 먹잇감이 된 이유이다. 지휘관들은 이렇게 해서는 안 된다는 것을 알지만 이를 중단하면 겁쟁이, 패배주의자, 감상주의자로 몰렸기에 그들도 방법이 없었다. 이 결과 소련군은 2차 대전 동안 2,000만 명의 군인이 사망했다. 이는 양면전쟁을 수행한 독일군의 사망자보다 5배나 많은 수치이다. 재량권이 없이 단순히 상부의 명령만 기계적으로 실행하는 부대가 얼마나 혹독한 대가를 치루는지 알 수 있는 숫자이다.

1943년 소련군이 주도권을 쥐기 시작한 이유를 단순히 거대한 수적인 우세로 설명하는 것은 진부하다. 소련군은 전쟁 초기부터 수적 우세에 있었다. 소련군은 1943년부터 지휘권에 큰 변화가 있었다. 스탈린그라드의 승리에 고무된 스탈린은 자신의 지휘의 한계를 인정하고 모든 작전을 군인들에게 맡겼다. 보고는 받아있지만 과거처럼 간섭은 하지 않았다(이 시기 독일은 반대의 길을 가고 있었다. 히틀러가 사사건건 세세한 부분까지 작전에 간섭하여 현지 지휘관에게 융통성을 발휘할 기회를 배제시켜 각 지휘관들에게 지휘상의 독립성과 유연성을 봉쇄했다).

악명 높은 정치위원도 군에서 배제시켜 각 지휘관들에게 지휘상의 독립성과 유연성을 부여했다. 이러한 지휘상의 독립성이 보장되기에 유연하고 융통성 있는 작전이 가능했던 것이다. 독일군이 몰락한 시점과 소련군이 주도권을 쥐기 시작한 시점이 바로 이런 지휘권의 변화와 정확히 일치한다는 것은 전쟁의 승패는 물량이 아니라 바로 분권화된 지휘, 자율적이고 독립적인 지휘, 이에 따른 전투력의 극대화에 달려 있음을 보여준 결정적 사례이다. 전사를 연구할 때 피상적인 연구가 얼마나 위험한 것인지 또 한 번 느끼게 한다.

전투의 승리는 무기 30%, 지략 70%이다. 만약 작전이 지나치게 복잡하거나 지엽적이고, 세세하면 현장에서 현장에 맞는 지략을 발휘할 기회를 차단하여, 결국 무기는 열세이나 지략이 풍부한 적에게 패할 것이다.

6·25 당시 중공군이 미군을 밀어 붙여 1·4후퇴를 강요한 것은 무기의 우세가 아니라(중공군은 박격포, 소총이 전부였으며 백만 대군의 인해전술 때문에 후퇴했다는 것은 조작이다. 중공군은 처음에는 30만 명으로

내려왔다), 바로 현장의 상황에 맞는 맞춤형 지략이었다. 작전은 예하 부대에 임무와 시간표만 주어지고 나머지는 각 예하 부대에서 각자 처한 상황에 맞추어 스스로 처리하도록 하여야 한다. 현지 사정은 현지 부대가 가장 잘 이해하고 있기에 이것을 무시하고 몇 십 킬로미터 후방에 있는 상급부대가 세세한 작전을 수립한다는 것 자체가 난센스다. 상급부대는 주공의 방향, 선두부대의 선정과 이를 지원하기 위한 자원의 할당과 보급지원, 정보지원, 공중지원과 같이 현지 부대가 필요로 하는 것이 무엇인지를 파악해 현지 작전 수행에 불필요한 장애물을 제거해 주는 도우미 역할과 각 부대를 조정하는 오케스트라의 지휘자 역할로 한정해야 한다. 시어머니처럼 사사건건 간섭하고 통제하고 싶은 유혹에서 벗어나야 한다는 뜻이다.

물론 평상시 훈련도 이런 방식으로 운용하여야 하며, 위에서 시키는 일만 기계적으로 수행하는 형식적인 훈련, 보여주기식 훈련은 기름 낭비요, 탄약 낭비일 뿐이다. 실전과 같은 훈련이란 사격훈련, 막연히 땀 많이 흘리고 잠 못 자고 하는 육체적 고통의 강도만 극대화시킨 훈련이 아니라, 바로 두뇌를 활용하여 현장에서 즉흥적으로 일어나는 위기상황을 자체적으로 극복할 수 있는 문제해결 능력 배양 위주로 진행되어야 한다. 이를 위해서 평소훈련에서도 모든 병사가 위기상황에 봉착할 경우 상부의 명령을 기다릴 필요 없이 독단적으로 행동할 수 있도록 최대한 자율성을 부여하여야 한다. 자율적이고 능동적이며, 지략이 풍부한 군대는 미래 전장의 주인공이 되겠지만, 용맹성만 있는 군대, 사전에 훈련받지 못한 상황에서는 당황하여 어쩔 줄 모르는 군대, 세세한 작전지시에만 익숙한 군대, 명령이 떨어지지 않으면 눈앞의 기회도 나 몰라라 하는 피동적인 군대에게 미래 전장은 그들의 공동묘지가 될 것이다.

(5) 작전의 성공은 보급에 달려있다

1941년 6월 22일 독일의 소련 침공은 초반의 엄청난 군사적 승리를 마무리하지 못하고 같은 해 12월 5일 소련군의 반격에 밀려 모스크바를 불과 20여 km 앞두고 후퇴하여야 했다.

당시에 세계 모든 나라는 독일이 소련을 당연히 굴복시키리라고 예상하였다. 이미 소련 영토의 대부분을 차지한 무적 독일군은 병력과 자원, 작전면에서 무능하고 서투른 소련군을 압도하기에 충분했다. 하지만 무엇이 세계 모든 전문가들의 예상을 깼을까? 지금까지의 통상적인 분석은 소련의 최고 장군인 '동장군(冬將軍)'으로 알고 있다. 100년 만의 강추위로 기온은 영하 40도까지 내려가 겨울 준비가 안 된 독일군은 겨울용 피복, 겨울용 윤활유와 같은 기본적인 동계장비 없이 겨울을 맞이하여 동계 준비가 잘 된 소련군에 밀려 철수했다고 알고 있다. 물론 겨울 준비를 안 했기에 독일군의 진격이 멈춘 것은 사실이나, 이는 결과론적인 이야기이며, 독일군의 실패는 이미 10월말부터 예견되었다. 하지만 초반의 승리에 취하여 그 문제점이 보이지 않아 이에 대한 대비를 하지 못하여, 결국 모스크바를 눈앞에 두고 발길을 돌려야 했다.

그럼 독일군을 첫해 붕괴 일보 직전으로 몰고 간 그 문제점은 무엇인지 알아보자. 이의 분석을 위해 독일 기갑부대의 아버지라 불리는 구데리안 장군의 자서전 《Panzer Leader》와 제6 기갑사단장 라우스 장군의 자서전 《Panzer Operations》을 인용하겠다. 구데리안 장군은 기갑군 사령관으로서, 라우스 장군은 기갑사단장으로서 공격의 최선봉에 섰던 기갑부대의 지휘관으로, 누구보다도 당시 현지 사정에 정통한 고급지휘관이며, 기갑부대의 명장들이다.

우선 《Panzer Leader》의 기록을 사건의 순서대로 열거하면,
1941년 10월 28일 : 기갑부대에서 연료 부족을 호소
  10월 29일 : Heinrichi 군단장과의 면담에서 자신의 군단은 10월 20일 이래로 빵 보급을 전혀 받지 못했다고 함
  11월 7일 : 심각한 동상자가 부대에서 발생하기 시작
  11월 14일 : 탱크의 숫자는 완편 대비 10분의 1 수준임
  11월 17일 : 각 연대는 이미 500명의 병사를 동상으로 잃었다.
  11월 19일 : 모스크바 공략에 투입된 기갑부대에서 하루분의 연료밖에 없다는 이야기를 들음(보통 4일분이 필요함)

다음은 Raus 장군의 자서전을 인용하면,
1941년 제6 기갑사단은 **가을 진흙으로 25대의 전차를 잃고, 겨울 추위와 눈으로 7대를 잃음**(전투가 아닌 자연환경으로)
1941년 12월 초 제6 기갑사단은 완편 대비 인원은 20%, 장비는 10% 수준으

로 떨어짐

위의 자료에서 보듯이 독일 기갑부대는 이미 10월 말에 문제점이 나타나 11월부터 그 문제점이 확대되어, 12월 초에는 도저히 현 전선을 유지할 수도 없는 상황이었다.

연표를 보면 겨울이 되기 이전에 이미 유류 및 식량보급이 안 되었으며, 겨울의 기후로 잃은 전차보다 진흙으로 잃은 전차의 숫자가 거의 4배나 되었다. 겨울부터 문제가 생긴 것이 아니라, 그 전에 이미 심각한 식량난, 유류난에 봉착되었던 것이다. 굳이 소련군의 어설픈 반격(중화기 중심이 아닌 기병과 스키나 썰매를 탄 보병 중심의 반격)이 아니라 하더라도 독일군은 자연적으로 붕괴할 수밖에 없었다. 따라서 동장군으로 독일이 패했다는 결론은 너무 성급하며, 진부하다. 만약 이상 기온으로 동장군이 없었다면 독일이 승리를 했을까?

이에 대한 원인을 분석하기 위해 소련의 자연과 기후에 대한 예비지식이 필요하다. 소련은 봄에는 겨울의 눈이 녹으면서 온 땅이 진흙탕으로 변한다. 그러다 여름이 되면 땅이 굳는데 이때가 전차운용에 최적의 상태이다. 하지만 10월 중순이 되면 가을비가 내리면서 대지는 다시 진흙 천지가 되는데 약 한 달간 지속된다. 그러다 11월이 되면 겨울이 시작되어 대지는 눈과 얼음으로 뒤덮여 도로는 빙판길을 이룬다.

소련의 도로 상태는 서구와는 완전히 다른 그야말로 자연 상태 그대로이다. 주요 간선도로는 지도상에만 존재하며, 포장된 도로는 상상할 수도 없다. 따라서 봄, 가을의 진흙탕에 모든 도로는 그대로 노출될 수밖에 없다. 10월 중순부터 시작된 가을비로 인한 진흙 대지를 이해하지 않고서는 위의 자료를 이해할 수 없다.

6월 22일 소련을 침공한 독일군은 봄의 진흙탕을 경험하지 못하였기에 가을의 진흙탕에 대한 준비가 되어 있지 않았다. 진흙탕으로 가장 큰 문제는 보급의 붕괴이다. 궤도화된 전차조차도 반쯤 빠져 포기를 해야 하는 상황에서 일반 트럭의 상황은 더욱 암담했다. 독일이 보유한 700,000마리의 말들도 진흙탕에서 허우적거리며 지쳐 쓰러져 갔다. 결국 유일한 운반 수단은 철도 수송이었지만, 철도조차 대군을 유지하기에는 턱없이 부족한 상태였다. 게다가 주요 도시들만 연결한 상태이기에 각 전선으로는 다시 말과 트럭에 의존해야 했다.

독일이 전격전을 위해서는 기갑부대가 선봉에 서야 하며, 이를 위해서는 엄청난 연료와 탄약, 부속품이 요구된다(현대전에서도 보급의 4분의 3이 연료와 탄약이다). 하지만 진흙 대지로 인한 도로망의 붕괴는 필연적으로 수송의 지연을 낳아 부속품의 부족으로 중화기의 수리는 불가능했다. 그리하여 중화기의 가동률은 급격히 떨어지고, 그나마 상태가 양호한 전차도 유류 부족으로 기동이 불가능할 정도였다.

진흙탕에 빠진 중화기는 이를 견인할 장비가 없어 당연히 그냥 진흙 속에 버릴 수밖에 없었다. 이렇게 버려진 전차가 겨울눈과 추위로 버려진 전차 수의 4배였을 정도로 심각한 문제였다. 더구나 진흙으로 인해 전차를 포함한 차량은 여름 대비 연료소모가 2~3배에 달하였다. 진흙으로 인한 중화기의 손실은 증가하고, 연료소모는 증가하여, 보급 수요는 늘어나는데 오히려 보급 능력은 기하급수적으로 떨어졌다. 장비와 병사의 보충은 애당초 불가능하였다.

2차 대전 독일군은 보급의 대부분을 말에 의존했다.

　10월부터 시작된 '진흙장군'으로 인한 보급의 붕괴와 각종 중화기의 포기는 독일군의 강점인 기갑부대를 앞세운 전격전은 고사하고 무적 국방군을 굶주림과 연료의 부족에 지친 '종이호랑이'로 만들었다. 부대의 전진은 숫자가 아닌 연료에 의존한다는 구데리안 장군의 말이 하나도 틀리지 않았다. 겨울의 추위로 인한 전차의 손실이 7대인 반면, 진흙으로 인한 손실이 25대임을 주목하여야 한다. 무한궤도화된 힘 좋은 전차조차도 이러한 상황 하에서 일반 보급 트럭 그리고 대부분의 보급을 말에 의지해야 하는 부대의 손실은 그 피해가 어느 정도인지 짐작이 간다.

　독일이 물자가 부족해서 패했다는 말은 피상적이며, 문제는 물자의 부족이 아니라 보급의 지연이었다. 겨울이 왔을 때 병사들은 춘추복에 의지했다. 물론 독일에서는 시민들이 기부한 겨울옷이 본국에서 보내졌다고 하나, 이 겨울 피복은 다음해 1월까지 전선에 도착하지 못했을 정도다(거국적인 차원의 겨울옷 모으기 운동은 사실 너무 늦게 시작되었다.

무한궤도화되지 않은 트럭은 진창에 속수무책이었다.

전쟁이 겨울이 오기 전에 끝날 것이라는 선전을 믿었던 전선과 후방의 사람들에게 겨울옷 모으기는 전쟁이 해를 넘긴다는 암시였기에 정치적인 부담을 느낀 히틀러에 의해 지연되었다. 여기에서 우리는 정치논리의 해악을 또 볼 수 있다). 문제는 히틀러는 이러한 보급문제에 대한 이해가 부족하여, 보급부대의 숫자를 저자의 표현에 의하면 drastically(철저히) 줄여버렸다.

설사 동장군이 일찍 왔어도 원활한 보급으로 모든 병사가 따뜻한 겨울용 피복을 입고, 충분한 연료와 동계 윤활유로 차량 운행이 전혀 지장이 없고, 따뜻한 음식과 난로 속에서 충분히 몸을 녹일 수 있었다면 모스크바는 충분히 점령했을 것이다(1950년 북한 장진호에서 전투를 치른 해병 제1 사단이 중공군 7개 사단의 포위와 영하 30도의 혹한 속에서도 오히려 중공군에게 엄청난 타격을 주고 부대를 거의 온전히 보존하고, 다른 방향으로의 공격을 외치며 흥남부두로 무사히 빠져 나올 수 있었던 것도 미군의 완벽한 보급지원이 있었기에 가능했다. 공중 보급을 통해 최소한 굶어 죽거나, 동계 피복이 없어 얼어 죽거나, 연료의 부족으로 차량을 포기한 적은 없었다).

소련의 열악한 도로상황은 이미 예견된 일이었다. 구데리안 장군의 자서전을 보면 1941년 농사의 풍년으로 많은 곡물을 수확했으나, 열악한 운송수단으로 이것을 독일 본국으로 제대로 수송하지 못하였다는 대목이 나온다. 이때 보급에 대한 대책이 세워졌어야 하나, 초반의 승리에 취한 히틀러는 오히려 보급부대의 숫자를 drastically하게 줄였으니 그의 아마추어적이고 근시안적인 시야를 보여주었다. '아마추어는 전략, 전술을 연구하고, 프로는 군수지원을 연구한다'고 하는 군사적 경구가 이 당시의 독일군에게 절실히 요구되었다.

정리하면 독일군의 소련 침공 첫해의 실패는 동장군으로 인한 실패가 아닌 10월 진흙 대지에서 보급이 붕괴되면서 최전선의 군대가 전진에 필요한 최소한도의 보급조차 제대로 지원해 주지 못한 데 있다. 이러한 상황에서 한 달을 더 버티고 전진을 계속한 것은 독일군의 초인적인 의지였으나, 12월 초에 이르자 이제 모든 것이 한계에 부딪쳤다. 최선봉 기갑부대의 인원과 장비가 완편 대비 10%~20% 수준에서 오히려 이를 격멸하지 못한 소련군의 어설픈 역습이 오히려 비정상적이었다.

나폴레옹이 러시아 정복에 실패한 이유는 보급도 책임 못 지면서 엄청난 대군을 동원한 것이다. 그전까지 나폴레옹의 승리의 원동력은 신속한 기동이며, 이 신속한 기동은 보급의 경량화 덕분이다. 물론 이 보급의 경량화 뒤에는 현지 조달(약탈)이 전제되었다. 나폴레옹은 장병에게 3~4일분의 식량을 휴대케 하고 별도의 비상식량으로 1주일분의 보급 마차를 준비하여 현지 조달이 어려운 곳이나 약탈을 해서는 안 되는 중립국에서 사용하였다. 이러한 경량화 덕분에 프랑스군의 행군 속도는 방대한 보급의 전진 속도에 발이 묶인 용병위주의 유럽 군대에 비해 2배에 달하였다. 당시 군사적 관점에서 나폴레옹은 2차 대전 독일군과 같은 전격전을 구사하는 군대였다.

하지만 나폴레옹군도 약점이 있었다. 일단 현지 조달이 불가능한 곳에서는 유럽의 다른 군대처럼 보급부대에 전적으로 의존하여야 한다. 불행히 러시아는 현지 조달이 어렵고, 더구나 러시아군의 초토화 전술로 보급은 후방 보급에 의존하여야 했다. 문제는 60만이라는 대군이다. 대군은 곧 대규모 보급을 의미한다. 한 달 치의 보급을 준비한 나폴레옹은 나머지는 현지 조달로 해결하려 했지만, 초토화 전술로 이는 판단착오였다.

1812년 6월 24일 본격적으로 시작된 대원정은 러시아군를 국경에서 포착, 섬멸하여 한 달 이내에 전쟁을 종결시키려는 계획이 빗나가 러시아군을 쫓아 동으로, 동으로 진격하면서 대량의 기아사태는 예견되었다. 9월 17일 모스크바를 점령하기까지 3개월 동안 60만 대군은 1개월의 식량으로 3개월을 버텨야 했으니 식량의 부족이 얼마나 심각했을지 짐작이 간다. 보급은 한 달 치를 준비하고, 전투는 그 이상을 지속한다는 것 자체가 이미 패배를 예고한 것이다.

독일군이 자원은 본국에 충분히 있었으나, '진흙장군'에 대한 준비 부족으로 이를 운반할 수송수단의 병목현상으로 패배했다면, 나폴레옹 역시 유럽을 지배한 황제로서 동원할 자원은 풍부하였다. 그러나 그는 지나치게 대군에 의존했고 보급에 안이하게 대응하였다. 차라리 동맹국에서 강제 징집한 전투 의지 없는 군대를 배제시키고 병력을 반으로 줄였다면 오히려 신속한 기동으로 러시아를 국경에서 포착, 섬멸시킬 수 있었을 것이며, 기아로 자멸하는 일은 없었을 것이다.

나폴레옹과 히틀러 모두 보급에서 패한 것이지 전투에서 패한 것은 아니다. 전투에서 이기고 보급에서 패한 것이다. 전투는 작전으로 하지만, 전쟁은 보급으로 한다는 말이 얼마나 중요한지 알 수 있는 대목이다. 아무리 본국에 자원이 많다고 하더라도 이를 필요로 하는 전선까지 신속히 적시에 운반하지 못하는 군대는 이미 그 패배를 예견할 수 있다.

미군이 강한 이유는 그 수적 우위에 있는 것이 아니라 효율을 추구하고 보급지원에 대해서 타의 추종을 불허하는 군수지원시스템에 있으며, 이에 대한 투자에 있다. 우리나라도 이를 타산지석으로 삼아야 한다. 우리나라와 같은 산악 지형에서 전시에 보급로는 매우 한정되어 있으며, 극심한 병목 현상이 일어날 것이라는 사실은 불을 보듯 훤하다. 이에 대한 대책으로 공중 보급이 이루어져야 하나, 우리나라의 수송기에 대한 투자는 대군을 지원하기에는 턱없이 부족하다. 보급지원이 안 되는 대군은 오히려 자멸한다는 것을 독일군과 프랑스군의 실패에서 볼 수 있다. 이것이 한국군이 좀 더 소수정예를 추구해야 하는 이유이다. 보급도 책임 못 지면서 숫자에 대한 맹신은 군대를 패배로 이끌 뿐이다.

· 부록 ·

Q & A

1. 한국 육군의 문제점은 무엇인가요?

2. 어떤 군대가 강한 군대인가요?

3. 군사력 건설 방향?

4. 전략적 관점에서 본 한국군의 문제?

5. 2차 대전 독일, 일본이 패한 원인은 무엇이라고 보시나요?

6. 북한은 왜 잊어버릴 만하면 위기(미사일 위기, 핵 위기)를 만들죠?

7. 북한의 포병에 대한 진실은?

Q 1. 한국 육군의 문제점은 무엇인가요?

A 한국 육군의 주적은 오직 북한 육군입니다. 해군, 공군은 북한뿐만 아니라 주변국을 견제하고 해상교통로를 방어해야 하지만, 반도 국가인 대한민국 육군은 유일하게 국경을 접하고 있는 북한만을 상대해야 합니다. 북한은 세계적으로 병력 밀도가 높은 대표적인 노동집약적 군대이며, 대표적인 포병국가입니다. 한마디로 병력과 화력에 의존하는 산업화 시대의 군대입니다. 이는 소련의 영향이 크다고 봅니다. 소련은 2차 대전 독·소전 승리의 원인을 압도적인 화력, 엄청난 숫자의 전차 그리고 인해전술 덕분이라는 잘못된 판단으로 효율보다는 방대한 숫자에 의존한 노동집약적인 군대를 만들었죠. 소련이 끝내 정보혁명에 실패하여 아프가니스탄, 체첸전에서 사실상 패한 것도 이런 뿌리 깊은 숫자에 대한 신앙에 가까운 집착 때문에 정보혁명을 경시했기 때문입니다. 한마디로 숫자에 대한 도그마에 빠진 거죠. 이런 소련의 영향을 받은 소련의 위성국들도 모두 방대한 병력, 병적인 포병 숭배, 전차의 숫자에 대한 집착으로 대단히 노동집약적인 군대가 되었습니다. 북한도 예외는 아닙니다.

100만 명의 현역군인, 한 세대 전의 전차 3,000대 이상, 포병화력 세계 2위(정확성은 무시), 그러면서 특이하게도 비정규전에 대한 비중이 큰 특이한 군대입니다. 이는 김일성의 만주에서의 게릴라전 경험과 6·25의 경험 그리고 산악지형인 한반도의 특수상황에 기인했다고 봅니다.

북한을 주적으로 하는 한국 육군도 북한에 대응하다 보니 똑같은 길을 걸어왔습니다. 정찰기나 정보전의 핵심인 C4I와 같은 효율을 뒷받침하는 인프라에 대한 투자보다는 60만 대군, 전차 몇 대, 장갑차 몇 대, 화포 몇 문식의 숫자에 의존하는 노동집약적인 군대가 된 것입니다. 인간은 적과 싸우면서 한편으로 적을 닮는다고 했나요? 북한과 싸우고 대치하다보니 북한의 구조를 닮은 것입니다. 노동집약적인 군대의 가장 큰 문제점은 '싼 게 비지떡' 그리고 하이엔드급 무기의 부족, 정보정찰 능력의 부족으로 비효율적인 군대가 된다는 겁니다. 우선 '싼 게 비지떡'의 의미는, 대군을 유지하려면 그들에게 모두 동일한 무기를 주어야 합니다. 어느 부대는 신형 무기를 주고 어느 부대는 한 세대 전의 무기를 줄 수는 없죠. 그러다 보니 대군에게 모두 양질의 무기를 사 줄 수 없으니 한정된 예산으로 대량 구입이 가능한 싼 무기만 도입할 수밖에 없습니다. 즉, 저가 무기의 대량 도입 외에 선택의 여지가 없죠. 저가 무기를 대량으로 보유한 군대는 적에 대한 견제 효과와 효율이 낮을 수밖에 없습니다. 그러다보니 다시 숫자에 의존합니다. 대군에게 많은 화기를 동일하게 분배하느라 지원 인프라에는 투자할 예산이 없어집니다. 전쟁에서 화력보다 더 중요한 것이 정보, 정찰 능력(지피지기의 핵심)과 C4I 인프라 구축인데, 이러한 곳까지 신경 쓸 예산이 없어 다시 비효율적인 군대가 됩니다. 공군도 마찬가지입니다. 북한의 구식 전투기 대량 보유에 맞서 전투기 숫자 확보가 급하다 보니 지원기 세력(공중급유기, 조기경보통제기, 수송기, 정찰기, 전자전기, 정보수집기)은 아예 없거나 아주 미미한 수준이죠.

노동집약적인 군대는 당연히 느립니다. 그 많은 군대를 모두 차량화시킬 수 없죠. 따라서 보병 위주가 됩니다. 당연히 적과 주변국에 견제효과가 없죠. 또한 보급의 문제입니다. 전투는 작전으로 하지만 전쟁은 보급으로 하며, 아마추어는 전략, 전술을 연구하고 전문가는 보급을 연구한다고 하죠. 전쟁이 나면 엄청난 양의 보급이 필요한데, 많은 군대는 보급에 엄청난 부담을 주어 최전선에서는 탄약과 기름이 없어 포병과 전차를 제대로 사용하지 못하는 상황이 옵니다.

다행히 '2020 국방계획'에 의거, 병력을 감축하고 기동군, 첨단 군으로 거듭나기 위해 노력하고 있어 그나마 다행이지만 그래도 역시 포병 우선주의 사고,

무인정찰기에 대한 낮은 우선순위를 보면 아직도 화력 맹신, 정보 경시의 과거 노동집약적인 군대의 사고에서 벗어나지 못하고 있다고 봅니다. 효율적인 군대가 되려면 병력 감축에 더 과감하여야 하며, 병력에 대한 의존은 무인기의 적극적인 이용으로 대신하여야 하며, 포병에 대한 과도한 투자(39조 원)보다는 이를 효율적으로 운용할 C4I 인프라 구축에 우선 투자하여야 합니다.

Q 2. 어떤 군대가 강한 군대인가요?

A 흔히 전투기 몇 대, 병력 얼마와 같은 숫자가 승패를 좌우할 것 같지만, 중동전쟁에서 보듯이 이스라엘은 10배의 적과 싸워 이겼습니다. 그 이유는 최첨단 무기 때문도 아니요, 미국의 지원 때문도 아닌 무기를 효율적으로 운영할 수 있는 우수한 인적자원이 있었기 때문입니다. 흔히 1명의 천재가 100,000명을 먹여 살린다고 하죠. 군사에서도 단지 준비된 전투, 반복적으로 훈련받은 일만 할 줄 아는 군대는 전쟁과 같이 급변하는 상황, 뜻하지 않은 상황에 내몰렸을 때 자신이 가지고 있는 첨단 무기를 어떻게 이용할지 모르고 우왕좌왕하다가 자멸합니다. 가장 중요한 것은 병사 하나하나, 하급지휘관 한 명, 한 명의 지적인 능력입니다. 이제 팔다리 근육으로 전쟁하는 시대는 갔고, 머리로 하는 시대입니다. 자율적이고 독립적인 판단능력, 이를 해결할 임기응변, 문제해결력이 있고, 이를 과감히 실행할 수 있는 폭넓은 재량권이 보장된 군대가 진짜 강한 군대요, 무서운 군대입니다. 첨단무기, 압도적인 병력 우세만 믿는 경직된 군대는 준비된 전투, 철저히 예행연습을 한 전투에서만 힘을 발휘하지, 여기서 조금만 벗어나면 어찌할 줄 모르고 적의 함정에 걸려 전멸합니다. 작전은 병사 개개인에게 전쟁이 끝날 때까지 시시각각으로 명령을 내릴 수 없습니다. 그리고 시시각각 개개인이

필요한 모든 지원을 해줄 수 없습니다. 목표와 임무만 부여받으면 그 나머지는 자신이 해결해야 합니다. 이것을 가능케 하는 인적자원을 가진 군대가 진정 최강입니다. 스스로 문제를 해결하는 능력을 가진 장교를 가진 군대, 상황판단이 신속하게 이루어지는 장교를 가진 군대, 자신의 무기 효율을 극대화시키고 적의 무기 효율을 무력화시킬 지혜를 가진 장병이 있는 군대는 비록 수적인 열세일지라도 결국 승리할 겁니다.

이러한 군대를 만들기 위한 핵심은 우수한 인재를 군으로 유치하는 것입니다. 저한테 한 나라의 군사력을 평가하라고 의뢰한다면, 저는 무기에 30%, 인프라 구축(네트워크전을 수행할 능력)에 30%, 그리고 나머지 40%에 장교와 부사관의 자질을 볼 겁니다. 무기보다 중요한 것은 이 무기를 효율적으로 100% 이용할 수 있는 인프라(통신, 정보 수집, 처리, 분배)이며, 무기와 인프라가 아무리 우수해도 이를 운용할 인적자원이 무능하다면 아무 의미가 없겠죠. 따라서 무기보다는 인프라, 인프라보다는 인적자원이 그 나라의 군사력을 판단하는 핵심입니다.

1995년 1차 체첸전에서 러시아의 패배는 무기의 성능이나 수적인 열세 때문이 아닌 인프라와 인적자원의 열악함 때문이었고, 1979년 이란 주재 미국 대사관 인질 구출 과정에서 작전 중 헬기가 추락하여 8명이 사망하고 작전은 완전 실패로 끝난 것은 무기나 인프라의 문제가 아니라 인적자원의 문제였다. 베트남전 이후 우수한 초급 지휘관이 모두 전역한 결과 최첨단 무기, 최고 인프라를 제공받아도 이를 제대로 운용할 인재가 없었던 거죠.

오죽했으면 미 육군 참모총장이 자신의 군대를 허수아비 군대라고 인정했을 정도였으니 말 다했죠. 베트남전 이후 10년이 미군이 가장 약한 시기였습니다. 이렇기에 우수한 인재를 군으로 유치하기 위한 노력에 최고의 우선순위를 두어야 하는 이유입니다. 첨단 무기를 도입하고 막상 이를 운용할 능력이 없어 외국군에게 맡기는 사우디아라비아처럼 돼서는 안 되겠죠.

- 미국의 예

미국의 베리 매카프리 장군은 "걸프 전쟁에서 미국은 단 100시간 만에 승리한 것처럼 보이지만, 사실은 승리하는 데 15년이 걸렸다"고 말했습니다. 베트남전쟁 이후 군의 사회적 지위와 위상은 심각할 정도였습니다. 2차 대전 참전 용사는 고향에서 영웅 대접을 받았지만, 베트남전 참전 용사는 심지어 버스 안에서 아무도 옆자리에 앉지 않았을 정도였으니까요. 군대에 만연된 마약, 흑백 갈등, 알코올 중독으로 장교들이 사병들 숙소에 권총을 휴대하지 않고서는 들어가길 꺼려했을 정도면 뭐 거의 군대가 아니라 무슨 갱단 수준이죠.

당연히 해야 하는 소변 검사(마약 복용 여부)도 못했죠. 마약 복용한 자를 강제 제대시키면 군에 남아 있을 사병이 별로 없었을 정도였으니…. 이것이 베트남전 직후 세계 최강이라는 미군의 모습이었습니다. 안 믿기시죠?

이러한 상황에서 우수한 인재가 군대에 남고 싶어 할까요? 대부분의 젊은 유능한 장교들이 대거 전역하여 사회로 돌아갔죠. 이렇게 형편없는 수준의 군대가 아무리 첨단 무기로 무장한들 무슨 전투력을 발휘할지는 군사에 대해 문외한인 일반인도 상상이 가죠.

당연히 베트남전 이후 미군의 최대, 최우선 추진 과제는 병사의 질을 높이는 것이었습니다. 인재 유인책으로 전역 군인들에게 대학 장학금을 4년 전액 지원하는 제대군인 원호법, 임금 인상 그리고 최우수 장교와 부사관에게 모병 업무를 맡기고, 〈탑건〉, 〈붉은 10월〉같은 할리우드 영화 제작에 적극 협조했습니다. 우수 인재를 유치하기 위해 모병사령부 사령관 맥스웰 셔먼 장군은 의회를 설득하기 위해 열정과 헌신을 다했죠. 이런 노력의 결과 1990년에 이르러 신병의 97%

가 고졸자였고, 1981년 해군은 처음으로 마약 도핑 검사를 통해 문제 병사를 강제 전역시켰습니다. 자그마치 20년의 세월을 투자한 결과입니다. 그것도 세계 최강 미국이. 이렇게 확보한 우수한 인재에게 실전과 같은 훈련을 시키는 한편, 병력 위주에서 효율 위주의 군대, 화력 위주에서 정보혁명 위주의 군대, 저가 대량 무기에서 소수 최첨단 무기로 패러다임을 바꾸어 걸프전에서 완벽한 승리를 거둔 것입니다.

- **독일군의 예**

2번이나 세계 대전을 일으킨 독일. 지금도 역사상 가장 강하고 효율적인 전쟁 전문가로 칭송받는 독일군은 독일 사회에서 어떤 위치였을까? 물론 이 이야기는 2차 대전 종전시까지의 상황입니다. 아시다시피 독일은 비스마르크 주도 하의 독일 통일전쟁으로 통일을 이룩한 나라입니다. 평화통일이 아닌 전쟁에 의한 통일이죠. 특히, 프러시아 중심의 독일 통일을 반대한 군사 강국 오스트리아와 프랑스를 상대로 세계의 예상을 깨고 압도적인 승리로 독일은 통일을 할 수 있었습니다.

독일 통일의 주역은 바로 강한 군대였죠. 독일 통일 전쟁이 이후 독일의 역사에 미친 영향은 당대에 그치지 않을 정도로 엄청납니다. 국민들은 자신의 군대를 독일의 자존심으로 간주했습니다. 히틀러가 당의 행사를 군대의 행사처럼 연출한 것도 군대에 대한 사회의 호감을 이용한 것입니다. 독일에서 군대의 행진시 군대는 항상 군중의 열광적인 환호를 받은 것은 물론 장교야말로 사회의 우상이었습니다. 직장 아가씨들이 장교와의 데이트를 위해서라면 자신이 기꺼이 데이트 비용 전부를 부담할 수 있다는 여론조사 결과도 있었을 정도입니다. 예비역 장교로 고향에 가면 바로 고향에서 명사로 예우를 해줌은 물론, 장교 제복을 입은 모습 자체만으로 사람들은 경외심 어린 눈초리로 바라볼 정도였습니다. 1909년 처음으로 의회에 등원한 베트만 홀베그(1856~1921, 독일의 수상 역임) 의장은 양복이 아닌 소령 군복을 입고 등원했을 정도죠. 독일이 낳은 20세기 최고의 화학 천재(질소의 대량 생산으로 1918년 노벨상 수상) '프리츠 하버' 박사는 당시 독일 최대 국립연구소인 빌헤름 카이저 연구소의 수장이었지만, 자신의 대위 진급을 축하하는 파티를 1차 대전 당시 성대하게 열 정도였으니 장교의 사회적 위상이 짐작이 가죠. 황제와 알현이 허용된 늙은 교수가 예비역 육군 소위로 임용해달라고 간청한 일화는 널리 알려졌죠. 독일에서 교수는 굉장히 존경받는 직업입니다. 교수 출신 장관이 자신을 장관이 아닌 교수로 불러달라고 할 정도로 교수의 위세는 대단한데, 유명 교수가 예비역 육군 소위의 임용을 황제에게 간청할 정도면 교수보다 육군 소위가 사회적으로 더 명망이 있다는 이야기죠. 지금의 우리의 시각으로는 도저히 이해가 안 가시죠? 그렇다고 장교의 보수가 높은 것은 아닙니다. 1909년까지 부모나 친척의 경제적인 도움에 의존할 정도로 경제적으로는 가난했지만, 장교 제복을 입고 나가는 순간, 노벨상 수상자조차도 부러워할 정도면 게임 끝난 거죠. 사회적인 분위기가 이러하니 아이들의 꿈은 당연히 장교이고, 귀족 집안에서 아들 하나는 반드시 장교로 키우는 것이 소원이죠. 장교 중에는 아버지가 장교, 고급관리인 경우가 70%일 정도로 자식이 장교가 되는 것을 '가문의 영광'으로 생각했습니다. 이러니 사회의 엘리트들에게 군대는 선망의 대상이고, 독일 최고의 인재들이 장교를 구성하는 것은 당연하죠. 독일 장교의 자질이 타국과 비교할 수 없을 정도로 높은 것은 이러한 사회적인 배경 때문입니다.

히틀러가 공식행사에서는 항상 군복을 입고, 나치당 전장 대회도, 군대 사열식으로 진행한 것도 이러한 국민 정서를 반영한 것입니다.

우리 군도 우수한 자질의 인재를 군으로 유치하기 위해 더 많은 투자를 해야 합니다. 특히, 복지 부문(주택 문제, 자녀 교육 문제, 전역 후 취업 문제)에 좀 더 신경을 써야 합니다. 언제까지 좁고 물 새는 관사에서 참고 살라고 할 수는 없으며, 산간벽지에 근무하는 관계로 자녀들이 교육에서 소외되는 것도 대책을 세워야 합니다. 요즘 신세대 여성들은 군대 내의 엄격한 위계질서의 병영 집단생활에 적응하기 어려워 많은 직업군인들의 가정생활이 편치가 않다고 합니다. 주거 문제, 교육 문제, 여가 문제 무엇 하나 메리트가 없는 상황에서 몇 백조 원을 들여 첨단 무기를 들여오는 것보다 우선적으로 직업 군인의 가정이 편하게끔 먼저 만들어 주어야 합니다.

- 러시아군의 예

러시아군의 문제점은 아래 블로그에서 너무 자세하고 훌륭하게 설명되어 있어, 이를 그대로 옮깁니다.

http://panzerbear.blogspot.com/2008/08/1987.html

러시아 장교단이 처한 현실을 다루기 위해서는 먼저 고르바초프 말기의 소련 장교단에 대해서 이야기를 할 필요가 있습니다.

소련에서 장교라는 직업은 1970년대까지는 매우 선호되고 있었지만, 1980년대로 들어가면서 조금씩 기피되는 직업으로 바뀌기 시작했습니다. 무엇보다 1980년대 중반의 시점에서 장교라는 직업이 경제적으로 큰 매력이 없었다는 점이 큰 문제였습니다. 장교의 낮은 생활수준은 소련이 건국된 이후 붕괴될 때까지 여전했기 때문에 중견 간부급 이상의 부패 문제는 근절할 수 없는 문제일 정도였습니다.

이런 상황이었기 때문에 1980년대로 들어가면 도시 중산층들이 장교에 지원하는 비율은 계속 낮아졌고, 그 틈을 비집고 들어오려 한 것은 교육 수준이 상대적으로 낮은 농촌 출신들이었습니다. 물론 군사기술의 발전으로 장교가 되기는 더 어려워졌기 때문에 농촌 출신이 차지하는 비중이 높아진 것도 아니었습니다. 결국 1980년대로 들어가면 장교의 정원을 채우는 것이 매우 어려워집니다. 예를 들면 모스크바 군관구는 1987년에 새로 임관하는 장교가 정원에서 19% 부족했는데, 1988년에는 무려 43%가 부족할 정도였습니다. Roger Reese가 지적하듯 1980년대의 장교단은 군인으로서의 자부심보다는 안정적인 급여 등 현실적인 이유에서 장교를 택하는 경우가 많았던 것으로 보입니다.

그렇기 때문에 그나마 장교라는 직종의 매력이었던 안정성이 사라지자 소련 장교단은 순식간에 붕괴하기 시작합니다. 이미 1988년부터 위관급 장교들이 대량으로 전역을 신청하고 있었고, 이것은 그대로 소련이 붕괴할 때까지 지속됩니다. 소련 장교단의 열악한 생활 수준은 고르바초프의 방어 중심의 군사정책으로 동유럽에서 철수한 병력이 본토로 들어오면서 더 심각해집니다. 대표적인 것이 주택 부족 문제였는데, 1990년 2월경에는 집이 없는 장교가 128,100명에 달할 지경이었습니다. 또 장교의 급여 수준도 매우 형편없었습니다. 1990년 소위의 월급은 270루블이었는데, 당시 자녀 없는 부부의 최저 한 달 생계비는 290루블이었습니다. 게다가 개혁개방 정책으로 서방, 특히 미국 장교들이 어떻게 생활하는지에 대한 정보가 장교단 사이에 퍼지면서 소련 장교단의 사기는 급강하해버립니다. 이런 형편이었기 때문에 소련이 붕괴되기 전에 국가를 지켜야 할 장교단이 먼저 붕괴될 수밖에 없었습니다.

소련의 붕괴는 이미 시작된 소련-러시아 군대의 붕괴를 가속화시켰는데, 특히 장교단에 가해진 타격은 엄청났습니다. 이미 소련이 붕괴되기 전부터 열악한 생활수준 때문에 장교단은 급속히 감소하고 있었는데, 소련의 붕괴로 그나마 보장되던 안정성조차 사라지자 장교단의 해체는 제동을 걸 수 없을 정도로 진행됩니다. 가장 큰 원인은 역시 경제적 곤란이었습니다. 이미 군대가 형편없이 쪼그라들었음에도 불구하고 러시아 정부는 경제난으로 그나마 남아있는 장교들조차 제대로 대우해 줄 수 없었습니다. 1994년에도 집 없는 장교가 12만 명에 달했는데, 이것은 훨씬 많은 장교가 있었던 1990년과 비슷한 수준이었습니다.

상황이 이 지경이었으니 장교를 지망하는 사람은 급격히 감소합니다.

1989년의 경우 장교를 지원하는 경쟁률이 1:1.9였는데, 1993년에는 1:1.35가 됩니다. 여기에 장교를 지원하는 지원자의 자질도 1980년대 이래로 꾸준히 하락하고 있었으니 통계에 가려진 내용은 더욱 더 참담했습니다. 1992년 러시아 국방부가 병력 감축을 위해 36,000명을 조기 전역시키겠다고 발표하자 59,163명이 전역을 신청했고, 1993년에 다시 19,674명을 전역시키려 했을 때는 무려 60,033명이 전역해버립니다. 1992년부터 1994년 사이 러시아 국방부는 71,000명의 장교를 감축하려 했는데, 실제로는 155,000명이 자발적으로 전역해버렸고, 게다가 그 절반이 30세 미만의 청년 장교들이었습니다. 러시아 군의 미래를 짊어질 중핵이 무너져버린 것입니다. 게다가 이 시기는 암울했던 옐친 행정부가 경제난 때문에 군사비를 계속해서 삭감하고 있었으니 달력이 넘어갈수록 장교 부족은 심각해졌습니다.

1995년에는 사관학교 생도의 50%가 임관 전에 자퇴할 정도였고, 이것은 초급 장교의 부족을 가져왔습니다. 같은 해에 장교 부족은 정원의 25%였는데, 위관급의 경우는 정원에서 50%가 미달이었습니다. 이 해의 군축에서 위관급 장교는 2,500명을 전역시킬 예정이었는데, 실제 전역한 인원은 11,000명이었습니다. 젊은 장교들은 늦기 전에 사회에서 기회를 잡기 위해 군대를 떠났습니다. 1998년 유가 폭락으로 인한 경제난은 정부의 월급에 의존하는 장교들에게 최악의 고난이었습니다.

같은 해 기준으로 소위의 월급은 354루블, 중령은 2,135루블이었는데, 당시 러시아에서 빈곤층으로 분류되는 3인 가족 가구의 평균 소득은 2,600루블이었습니다. 즉, 중령조차도 빈곤층 수준의 생활을 할 수밖에 없었던 것입니다. 이것은 장교들의 대규모 자살을 불러왔는데, 1998년 러시아 전체 자살자의 60%가 장교였다는 통계는 이 시기 러시아 장교단이 얼마나 열악한 상황에 처해 있었는가를 잘 보여줍니다. 국내에도 번역된 《How to Make War》의 1995년판에서 저자인 James F. Dunnigan은 당시 러시아 군대가 처한 문제점을 수습하는데 수년은 걸릴 것이라고 예상했는데, 이것은 아직까지 진행 중이란 점에서 꽤 잘 맞은 예언 같습니다.

1998년은 지금까지 러시아 장교단이 겪었던 최악의 시기였다고 할 수 있을 것입니다. 장교단은 계속해서 축소되었고, 새로 보충되는 인력의 질적 수준도 80년대에 비해 크게 낮아졌습니다. 게다가 남아있는 장교의 80%도 미래에 대해 비관하고 있었으니 그야말로 최악이라 할 만했습니다. 하지만 이런 상황을 넘기면서 상황은 조금씩 개선되기 시작했습니다.

가장 큰 원인은 푸틴 집권 이후 군인의 생활수준 개선을 위한 직접적인 조치, 예를 들어 급여 인상 등이 적극적으로 시행된 것이 주효했기 때문입니다. 하지만 그럼에도 불구하고 장교단의 생활수준은 민간인에 비해 여전히 낮았으며, 푸틴 집권 초기인 2001년의 경우 여전히 92,000명의 장교가 관사를 지급받지 못했으며, 이 중 45,000명은 아예 거주할 집이 없는 상태였습니다.

러시아의 경제가 유가 회복에 힘입어 조금씩 개선되고 있었지만 경제에 대한 불안감은 여전했기 때문에 장교단은 특히 더 큰 불안감을 느꼈습니다. 예를 들어 2004년에 장교 급여가 인상되지 않는다는 소문이 퍼지자 위관급 장교의 대량 전역사태가 다시 벌어졌던 것이 대표적입니다. 장교단의 불안감을 잠재우기 위해서 2005년 러시아 의회는 소위의 월급을 7,485루블로 인상하겠다는 발표를 했는데,

같은 해 3인 가족의 최저 생계비는 7,594루블이었습니다.

장교의 열악한 생활수준을 개선하기 위해서 2006년에 푸틴 대통령은 3년에 걸쳐 장교의 급여를 67% 인상하겠다는 계획을 내놓았고, 현재 이 공약은 고유가를 바탕으로 착실히 이뤄지고 있습니다. 하지만 2008년 현재까지도 러시아 장교단의 생활수준은 민간사회에 비해 조금 뒤떨어졌다는 것이 일반적인 의견이며, 체첸과 같은 위험지역 근무를 지원하는 장교가 많은 것도 추가수당을 받아 조금이라도 생계를 개선하기 위한 것입니다. 푸틴 행정부가 옐친 시기의 군사적 붕괴상태를 다소나마 개선시킨 것은 사실인데, 어떻게 보면 러시아의 장교단 자체가 붕괴될 대로 붕괴되어 최저점에 도달했기 때문에 개선된 것으로 보일 뿐이지 소련군이 전성기에 달했던 시절의 장교단 수준에는 발끝조차 따라가지 못하는 것이기도 합니다.

무엇보다 현재 상태의 러시아로서는 지금 있는 장교단의 생활수준을 유지, 또는 향상시키면서 장교단을 확충할 수단이 뾰족하지 않다는 것입니다. 장교단의 확충 없이 군사력을 증강하기는 어렵습니다. 러시아가 현재 규모의 군대를 유지하면서 준비태세와 숙련도를 높이는 것은 충분히 가능하겠지만, 다시 병력을 증강시켜 미국과 맞설 만한 수준으로 만드는 것은 차원이 다른 문제입니다.

현재의 러시아 군 병력이 어느 정도인지, 그리고 그 중 장교는 얼마인지는 웹에서 검색해도 충분히 나오는 것들이니 더 부연설명을 할 필요는 없을 것 같습니다.

1994년 러시아가 체첸과의 전쟁에서 엄청난 피해를 입고 고전했던 원인을 전문가들이 하사관 및 초급장교의 작전지휘 능력의 심각한 결여라고 진단한 것은 어쩌면 사필귀정입니다.

Q 3. 군사력 건설 방향?

A 그 국가가 처한 상황에 따라 다릅니다. 나폴레옹이 이런 말을 했죠. "한 나라의 외교 정책은 그 나라의 지정학적 위치로부터 도출된다."

참으로 명언입니다. 현대전은 과거의 전쟁과 달리 전면전이 곧 민족 전체의 파멸로도 이끌 수 있을 만큼 가공할 무기가 많답니다. 전쟁에서 승리한다는 것은 매우 위험한 발상이며, 보다 더 중요한 것은 전쟁을 예방하는 거죠. 전쟁에서 설사 승리한다 하여도 엄청난 인명, 재산 피해를 전제로 한 승리는 의미가 없습니다. 따라서 군사력도 전쟁이 나면 승리하는 방향이 아닌 처음부터 잠재 적국들이 감히 넘볼 수 없도록 선제공격력, 강력한 보복능력에 우선순위를 두어야 합니다. 그러기 위해서는 상대방에게 부담을 주는 방향으로 군사력을 건설해야 합니다. GNP 대비 높은 비율로 군사력 증강에 올인하는 데 주변국에서는 전혀 부담을 못 느낀다면, 그것은 무언가 방향이 잘못된 거죠. 자원의 할당에 우선순위를 정하는 것이 전략인데, 이는 전략의 실패입니다. 우리나라처럼 세계 4대 군사강국에 둘러싸인 나라는 high-medium-low급 무기 중 약간 high급에 비중을 더 둘 필요가 있습니다(싱가포르처럼). 전투기도 high급에 집중, 함정도 이지스급과 같이 주변국이 부담을 느낄 만큼의 high class에 집중할 필요가 있습니다. 그런데 우리는 정반대로 가고 있답니다.

가격 대비 성능이 낮고, 오직 북한만 견제 가능하며, 통일 이후에 주변국에게 전혀 부담이 안 되는 low급 국산 경전투기, FFX(차기 호위함)에 high급보다 더 많은 자원을 할당하고 있답니다. 주적이 북한이라 그럴 수 있겠지만 high급에 더 투자하면 북한과 주변국을 동시에 견제할 수도 있는데 말입니다. Medium-low급으로 숫자만 늘리면 주변국에서는 부담을 안 느끼고 "어, 한번 집적거려 볼까

(독도에서, 이어도에서)?" 이런 생각을 가질 겁니다.

더구나 우리나라는 3면이 바다로 둘러싸인 해양 국가이므로 해군의 역할이 매우 크죠. 주변국에게 눈엣가시인 세계 2위의 해병대가 있지만 발이 묶인 상태입니다. 거기에다 국방개혁 2020으로 오히려 늘려야 할 해병대를 4,000명이나 줄이죠. 해병대가 제 몫을 하고, 주변국에 비수의 역할을 하려면 해병대를 국가 신속 기동부대로 만들어야 합니다. 육군에 1개 기계화사단이 늘어난다고 해도 주변국은 눈 하나 깜짝 안 하지만, 육군 1개 기계화사단을 늘릴 비용으로 해병대에 투자하면, 그 10배의 견제효과가 있을 겁니다.

똑같은 돈을 늘려서 10배의 효과가 나오면 그것이야말로 훌륭한 전략입니다. 그런데 우리는 지금까지 미국과의 역할 분담론에 의해 주로 육군 위주의 전력 증강에 올인해 왔습니다. 2012년 전시작전권 환수가 해·공군에 투자를 늘리는 계기가 되어야 하는데, 미군이 담당한 대화력전을 대체하기 위해 다시 육군 중심, 재래식 무기 중심의 중복 과잉투자가 일어나고 있습니다. 이제는 눈을 멀리보고 군사력 증강(자원의 할당)의 전환점이 필요한 때입니다.

Q 4. 전략적 관점에서 본 한국군의 문제?

A 전략은 자원 할당의 우선순위를 정하는 것이라고 했습니다. 한정된 자원을 효율적으로 분배하는 것이 훌륭한 전략입니다. 따라서 소부대를 지휘하는 지휘관도 전략적 사고를 해야 합니다. 부대 규모에 상관없이 한정된 자원을 어떻게 운영하느냐는 공통의 고민이니까요. 하물며 육, 해, 공, 해병대 전체를 놓고 볼 때 전략의 중요성은 재론할 필요가 없죠. 6·25 이후 지금까지 엄청난 예산을 퍼부었지만 과연 자원 할당이 효율적이었냐고 물어보면, 글쎄요?

그동안 방대한 60만 병력의 유지를 위하여 low급 전술 무기 대량 보유의 우선적 자원 할당이 큰 문제였고, 육, 해, 공군 보유 무기가 공통적으로 매우 방어적, 전술적이라는 겁니다. 이렇다 할 공격용 무기, 전략무기가 없으니 주변국으로서는 부담이 없죠. 그러니 '동네북' 신세를 못 면하죠. 독도 문제, 이어도 문제도 모두 이러한 방어 위주의 무기, low급 대량 보유로 돈은 돈대로 들이고도 주변국에 억지력이 안 된다는 반증입니다. 대병력 유지를 위한 단순하고 값싼 대량 무기의 우선적인 예산 할당은 필연적으로 정밀무기, 전략무기, 정보전의 경시를 가지고 와 효율적인 군대라기보다는 둔중한 거인의 이미지가 더 강한 게 사실입니다. 한국군은 아직도 산업혁명 시대의 정량적 우위에 집착하는 물량 위주, 병력 위주의 군대입니다. 걸프전과 이라크전은 소련식의 단순하고 값싼 대량의 무기, 정보혁명에 뒤진 물량과 인력에 의존하는 군대(이라크군)에 대한 사망선고식이었습니다. 북한이 재래식, low급 대량 보유에서 탄도탄과 같은 전략무기, 핵 보유로 돌아선 것도 이제 재래식, 전술무기로는 승산도 없고, 별 효과도 없다고 판단한 결과입니다. 이제는 값싸고 많은 구매가 가능하지만 억제력이 없는 무기(전차 몇 대, 야포 몇 대, 전투기 몇 대)에서 도입 비용이 비싸고 유지 비용도 많이 들지만, 대신 주변국에서 큰 부담을 느끼는(비싼 값어치를 하는) 전략무기의 도입으로 방향을 선회하여야 하며, 그러기 위해서는 숫자(병력은 몇 명 이상 되어야 한다, 전투기는 몇 대 이상 되어야 한다는)에 대한 집착에서 벗어나야 합니다. 많은 병력의 숫자에 한정된 무기 구매 예산을 맞추다보면 값싼 전술무기의 대량 구매에 우선적 할당은 필연적(많은 숫자에 골고루 분배를 하려니)입니다. 이는 다시 돈은 돈대로 들이고도 억지력은 없는 자원의 비효율적인 할당으로 이어지고, 미군의 정보, 전략무기를 의존하는 군대에서 벗어나지 못합니다. 우리나라 국방 예산은 연간 200억 달러가 넘는데도 불구하고 유일하게 값싼 전술무기로만 무장을 한 군대로 남는 것도 병력에 대한 집착, 정략적 우위에 대한 미련이라는 6·25식 전투방식에서 벗어나지 못하고 있기 때문입니다. 문제는 병력의 축소는 자신의 살을 스스로 도려내야 하는 구조조정을 필요로 하므로, 군이 스스로 나서서 하기는 대단히 껄끄러운 작업입니다.

육군의 경우, 가장 큰 문제는 방어 위주의 군사전략, 방대한 병력에 대한 집착입니다. 방어적이다 보니 공격용 무기보다는 짧은 사거리의 방어용 무기가 선호되고 방어적이다 보니 현 진지 사수가 우선시 되어 기동작전보다는 요새전, 진지전 위주가 되어 공격용 무기, 전략무기, 원거리 정보수집 능력에 별 필요성을 느끼지 못한 것입니다. 만약 군사전략이 공격적이라면 무기체계가 현 진지 사수와는 근본적으로 정 반대가 되어야 합니다. 수도 서울이 휴전선과 가깝다 보니 서울을 지키는 것이 군사 목표의 최우선 순위가 되어 결국 휴전선과 서울 사이를 요새화된 방어진지로 만들다 보니 공격용 무기에 눈을 돌릴 여유가 없는 것도 그 이유 중의 하나입니다. 북한이 100만이니 우리의 병력 숫자가 많은 것이 아니라고 하지만, 우리가 북한보다 10배의 군사비를 사용하면서도 마땅한 억지력이 없는 것은 바로 육군의 규모가 너무나 큰 것이 문제입니다. 대규모 군을 유지하기 위해 자원이 비효율적으로 할당되어 실질적인 전쟁 억제력에 기여를 못하고 있다는 뜻입니다.

이를 구체적으로 들어가면,

① 모병제도 아닌 징집제인 국가에서 너무 많은 군대를 유지하려니 국방비 중에서 경상비 부분(군인들 월급 주고, 먹이고, 재우고)이 비정상적으로 커서 정작 전력 투자(무기 도입)에 대한 할당은 적을 수밖에 없습니다.

② 대군을 유지하기 위해서 모든 것을 인력에 의존하려고 합니다. 휴전선 철책 근무만 해도, 과연 21세기 정보화 시대에 대규모 군대를 일렬로

배치하고 밤새 눈을 비비며 경계근무를 선다는 것이 좀 시대에 뒤떨어진 방식이 아닌가요? 그렇다고 이를 대체할 기술이 없는 것도 아니고, IT 강국인 한국이 유독 철책근무에는 IT의 도움 없이 그리고 그 흔한 무인정찰기의 도움이나 무인 감시카메라의 도움 없이 단순무식하게 혹서와 혹한의 환경에서, 단지 인간의 두 눈에만 의지하는 방대한 인력이 요구되는 현재의 경계근무 방식이 과연 효율적인지 생각해야 합니다.

③ 무기 도입의 문제입니다

한정된 예산을 가지고 대규모 병력을 유지하기 위해서는 low급 무기를 대량으로 구입해야 합니다. 그래야만 대군에게 골고루 분배를 할 수 있으니까요. 문제는 이러한 low급의 대량 도입은 전쟁 억제에 큰 역할을 못한다는 겁니다. 전차 몇 대, 대포 몇 대라고 하는 수치가 현대전에서는 별 의미가 없다는 겁니다. 북한도, 주변국도 부담스러워하는 무기가 없는 이유도 대군에게 골고루 무기를 나누어 주려니 재래식 무기의 대량 도입의 악순환에 빠진 겁니다.

④ 정찰능력, 정보화의 후진성

한국군은 화력은 강하지만(그것도 단거리), 정찰능력과 C4I가 매우 취약하여 이를 효율적으로 운용하지 못하고 있다는 것이 단골 지적사항입니다. 북한의 갱도포병에 대해서 대응시간이 길어서 주한미군의 도움 없이는 대화력전(갱도포병에 대한 대응)을 제대로 수행할 수 없을 정도입니다. 정찰기의 도입이나 C4I의 도입이 포병무기에 항상 우선순위가 밀리는 것은 주객이 전도된 것입니다. 우선적의 위치를 정확히 파악하는 것이 먼저이고, 타격은 그 다음 순서인데, 우리의 무기 도입은 화력 위주이며, 정찰기의 도입은 미군에게 의존하려는 생각인지 몰라도 예산 확보에 너무 인색한 것이 사실입니다. 2020년까지 39조 원을 들여 자주포와 로켓포를 도입한다고 하는데, 정작 적의 위치를 신속히 파악할 정찰기 이야기는 빠져있습니다.

공군도 그동안 F-5 같은 low급 전투기를 150대나 보유하고 있습니다. 북한이 보유한 대량의 MIG-19 및 MOG-21에 대항하여 우리도 역시 low급 대량 보유로 맞섰죠. 북한의 low급 대량 보유에 대항한 전략이 역시 low급 대량 보유였습니다. 이 F-5의 대량 보유는 현재 공군에 큰 부담이요, 전략 공군으로 가는데 있어 발목을 잡는 애물단지입니다. 그 이유는 F-5의 대량 보유로 조종사의 숫자가 엄청 늘어났습니다. 이미 확보한 조종사를 계속 유지하려면 역시 low급 대량 보유를 다시 반복해야 한다는 것입니다. 공군이 북한이 가지고 있는 최신 MIG-29는 물론이요, 중국, 일본에 비해 성능이 실망스러운 수준인(중거리 공대공 미사일인 알람이 안 되고, JDAM도 장착 불가능) FA-50을 120대나 도입하려는 이유도 바로 이러한 조종사 문제입니다. low급 무기의 대량 보유는 이렇게 조직을 방만하게 만들고 일단 확장된 조직은 다시 축소가 어렵기에 다시 low급 대량 보유의 악순환이 반복됩니다. 우리는 무기 도입시 북한만 생각하면 안 되고, 통일 이후의 안보상황도 동시에 고려하여 통일 이후에도 주변국을 견제할 무기를 확보해야 합니다. low급 무기 대량 확보의 폐해는 전략무기, 첨단 정보자산의 도입을 가로막는다는 데 더 큰 문제가 있습니다. 항상 자원 할당에 있어서 low급 대량 도입에 우선순위가 밀리기 때문입니다. 대량의 조종사를 보유해야 한다는 조직

E-8C 조인트 스타즈 정찰기. 8시간 동안 한반도 면적의 5배 지역을 정찰하며, 500km 내에 위치한 모든 지상의 목표물(건물, 병력배치, 차량이동, 미사일 위치) 정보를 제공해 주며, 미사일 유도도 가능한 하늘에 떠 있는 지상 전투 지휘소

내부의 압력을 무시할 수 없거든요. 이제 전투기의 첨단화, 동시교전 능력의 증가로 이제 숫자는 별 의미가 없습니다. KF-16과 같은 경우 동시에 6대의 적과 공대공 전투를 할 수 있으므로, 인터넷에서 떠도는 북한 전투기가 인해전술로 나오면 우리는 한 대, 한 대 상대해야 하니 결국 당합니다. 이런 이야기는 전투기의 동시교전 능력을 이해하지 못한 무지의 소치입니다.

공군의 경우 그나마 F-15K가 도입되어 전략적 억제력을 확보하기 시작했지만 수량이 너무 적은 것이 문제입니다. 작전반경이 비록 북경, 동경을 커버해도 수량이 턱없이 부족하니 별 부담이 안 되죠. 그럼 KF-16은 별 억지력이 없나요? KF-16이 137대 정도 있으나, 작전반경이 너무 짧아서 평양 이남까지만 커버할 수 있죠. 한마디로 요격용이지 공격용은 아닙니다. 이 수적 주력인 KF-16이 공격용이 되려면 공중급유기가 필요합니다. 공중급유기가 있다면 KF-16의 작전반경은 2배, 폭탄 탑재량도 2배 늘어나 주변국으로서는 부담스럽죠. 조기경보통제기가 방어용이라면 공중급유기는 매우 공격적인 전략무기입니다. 아직 우리는 없죠(도시국가인 싱가포르도 있는데). 전투기 숫자 채우기, 조종사 숫자 맞추기에 급급하여 정말 주변국이 두려워하는 무기의 우선순위는 맨 나중입니다. 공중급유기 6대와 전투기 10대의 가격은 비슷하지만 억지력 관점에서는 공중급유기의 효과는 비교 자체가 무의미할 정도로 큽니다. 동일한 자원을 투자하고도 억지력을 못 갖추었으니 효율적인 자원 분배에 실패한 겁니다.

해군으로 가볼까요. 우리는 3면이 바다입니다. 하지만 98년 이전까지 우리 해군은 북한의 간첩선이나 잡는 수준이었습니다. 미군이 2차 대전시 만들던 50년 된 물새는 기어링급 군함이 바다를 지켰으니 말 다했죠. 독도 문제가 터지면서 다행히(?) 해군의 중요성이 부각되어 98년부터 약 10년간 눈부신 성장을 했습니다. 정말 정신이 없을 정도로. 하지만 문제는 주변국은 더 막강하다는 것, 이것이 우리의 숙명입니다. 그동안 해군은 순수 방어 위주였습니다. 하지만 이지스함과 5,000톤급 이순신급함에 함대지 미사일이 장착되면 이야기가 달라집니다. 거기에 더하여 3,000톤급 잠수함에 수직발사기를 달면 은밀하면서도 치명적인 공격용 무기가 됩니다. 옥에 티라면 FFX의 대량 도입이죠. 북한 견제용일 뿐 중국, 일본 해군을 견제하기에는 턱 없이 모자란 스펙의 low급 군함을 7조 원이나 들여 24척을 건조한다고 하는데 과연 효율적인 자원 분배일까요? 7조 원이면 이지스함이 7척인데, 중국, 일본의 입장에서는 이지스함 7척이 두려울까요? 아니면 그냥 그저 그런 평범한 low급 24척이 두려울까요? 천문학적인 돈을 들이고 주변국에 전혀 부담을 못주는 low급 대량 도입의 또 하나의 사례입니다. FFX는 9척으로 끝내고 나머지는 차라리 이지스함 추가 도입을 하거나 상륙함 및 상륙헬기(공격용, 기동헬기)에 투자하여 전쟁 억제력에 기여하는 방향으로 전환하여야 합니다.

그 다음 해병대로 갈까요. 해병대는 최고의 공격용 무기입니다(무기가 안 되니 사람으로라도). 북한은 인천상륙작전 콤플렉스 때문에 해병대의 상륙에 대비하여 해안에 수십 개 사단을 배치할 정도이니까요. 해병대 병력이라고 해봐야 겨우 2개 사단인데, 이 2개 사단에 대비하여 20개 사단이 후방에 배치되어 있습니다. 이만큼 효율적인 자원 할당이 있을까요? 육군 2개 기계화 사단이 늘어난다고 북한이 20개 사단을 움직일까요? 이렇게 훌륭한 전략 자원이 오히려 축소될 처지에 있다니 참으로 어이가 없죠. 우리는 이 해병대를 국가 신속 기동군으로 편성하여야 합니다. 미국 해병대처럼 단지 상륙만 하는 것이 아니라 이라크전처럼 상륙 후 바로 내륙 진공까지 가능하도록. 그러기 위해서는 기동헬기, 공격용 헬기, 장갑차, 자주포가 우선적으로 할당되어야 합니다. 동일한 자원을 투자할 때 10배의 효과가 나는 곳에 투자하는 것이 훌륭한 자원 할당이고, 이것이 우수한 전략이니까요. 단지 '빽'(?)이 없어 우선순위가 밀려 가장 공격적인 무기가 썩고 있다면 최악의 전략이겠죠. 주변국이 두려워하는 곳에 투자해야지, 주변국이 전혀 부담을 안 느끼는 데 투자해봐야 '동네북 신세'는 평생 못 면하죠.

결국 한국군은 주변 강국에 둘러싸여 있으면서도 너무 방어 무기 위주, 재래식 무기, 전술무기, 지나친 포병 위주, low급 대량 위주 방향으로 군사력을 건설하다 보니 주변국에서 부담 없는(?) 군대가 된 겁니다. 이러한 원인은 미군과 역할분담론(지상군은 한국군이 맡고, 해·공군, 정보수집은 미군이 담당)과 대규모 미군 증원 병력이 오기 전까지 버텨야 한다는 초기 작전계획, 수도 서울 사수라는 정치적인 압력이 있었던 것이 사실입니다. 하지만 이제는 이러한 역할 분담론과 현 진지 사수전략은 북한만을 겨냥한 구시대적 유물입니다. 더구나 북한은 경제난으로 정규전을 수행할 인적, 물적 능력이 현저히 떨어진 단지 체제유지용 군대로 전락된 군대입니다. 그들이 탄도미사일, 핵에 집착하는 이유도 비대칭 전략만이 유일한 생존수단이라는 반증입니다. 우리도 이러한 변환된 국제 정세에 맞추어 전략무기, 공격용 무기, 전략 정보수집 능력이 필요하며, 이를 위해서는 해·공군(현대전에서 전략 타격 무기는 해·공군의 몫이므로)에 대한 예산의 우선적 분배와 육군의 감축은 시대의 요구입니다. 그리고 정보자산이 더 이상 탱크나 포병과 같은 제2의 물결의 무기에 우선순위가 밀려서는 안 됩니다.

김정일은 자신의 위치가 노출되어 기습적으로 공격받는 것을 가장 두려워합니다. 몇 백만 명이 아사해도 눈 하나 깜짝 안 하는 독재자에게 전방의 북한 병사를 겨냥한 포병, 전차는 정작 김정일에게 일고의 가치도 없고 하찮은 무기일 뿐입니다. 우리가 김정일의 위치를 실시간으로 파악하고 있고, 이를 타격할 은밀한 무기(스텔스 전투기, 스텔스 무인기)를 보유하고 있다는 것을 흘리면 김정일도 경거망동을 못 할 겁니다. 하지만 우리에게는 그러한 정보자산이 없고, 미국에 전적으로 의존해야 하니, 김정일이 미국은 무서워해도 한국은 우습게 보는 이유지요. 최소 비용으로 최대의 효과를 얻기 위하여 자원 할당에 우선순위를 합리적으로 정하는 것이 전략의 목표요, 방법이라고 볼 때 정보자산에 대한 우선적인 투자는 전략의 목적에 전적으로 일치한다고 봅니다.

Q 5. 2차 대전 독일, 일본이 패한 원인은 무엇이라고 보시나요?

A 2차 대전은 초기에 눈부신 전과에도 불구하고 왜 독일, 일본이 미, 영에 패배했는지에 대해서 무수히 많은 설명이 있었습니다.

석유가 없어서 그렇다, 외교적으로 고립되어 그렇다(독일은 프랑스, 러시아, 영국과 모두 적대관계, 일본은 중국, 소련, 미국과 적대관계), 아니면 경제력의 차이로 사필귀정이다 등등. 여기서는 군사적인 관점에서 살펴보는 자리이므로, 필자의 판단으로는 2차 대전은 합리성과 비합리성의 대결이었다고 결론지을 수 있습니다. 미, 영의 합리적 전략, 전술과 독일, 일본의 비합리적 전략, 전술의 대결에서, 합리성이 비합리성과 정치논리를 상대로 승리한 것입니다. 전략은 자원의 우선순위를 정하는 것이며, 그 우선순위는 효율성을 우선으로 해야 하는데, 추축국은 한정된 자원을 비효율적으로 사용했습니다.

독일과 일본의 경우 비합리성의 주체가 완전히 다릅니다. 독일이 정치인 히틀러의 군사작전 간섭으로 망했다면, 일본은 일본군 자체의 모순으로 망했습니다. 그럼 독일과 일본이 어떠한 비합리적인 전략, 전술로 자원을 무의미하게 낭비했는지 알아보죠.

- 독일의 경우

독일의 경우 작전에 문제가 생기기 시작한 시점이 히틀러가 작전에 간섭하면서부터입니다. 그 이전까지는 정말 무적 독일군이었습니다. 그런데 아이러니하게도 소련군은 스탈린이 작전에 대한 간섭을 하지 않으면서 작전이 성공하기 시작했습니다. 히틀러, 스탈린 모두 정치인이며, 정치가는 정치논리가 우선하죠. 정치가가 작전에 간섭하는 폐해가 얼마나 큰지는 임진왜란에서도 경험했습니다. 바로 선조의 무리한 작전 개입.

부산의 왜군을 빨리 격멸하라는 조선 수군에 대한 무리한 명령이 결국 이순신을 거의 죽음으로 몰고 갈 뻔했고, 원균이 지휘하는 조선 수군은 칠천량에서 완전 섬멸되었습니다. 비록 조선 수군이 연전연승했지만, 그것은 넓은 바다에서 이루어진 것입니다. 화포로 입구가 요새화되었고, 천여 척이 넘는 배가 있는 부산항에 대한 공격은 조선 수군의 이점을 포기하고, 적이 유리한 장소에서 전투를 하는 것이니 당연히 사지(死地)이죠. 하지만 선조의 눈에는 이러한 군사적인 문제는 안 보이고, 부산의 일본 수군을 전멸시키면 전쟁이 금방 끝났는데, 왜 조선 수군은 말을 안 듣느냐 하는 막무가내였죠. 이러한 비합리적인 명령이 결국 무적 조선 수군을 죽음으로 내몰아 한나절만에 전멸당한 원인입니다. 조선은 참 불행한 왕조입니다. 가장 중요한 시기에 가장 무능한 왕을 두었으니(선조, 인조, 고종).

전쟁을 하느냐 마느냐는 정치인이 결정하지만, 군사행동을 하느냐 마느냐는 전문 군인의 영역인데, 민주적이지 못한 국가에서는 이러한 경계가 곧 잘 무너집니다. 더구나 독재국가, 왕조국가에서는 더욱 그러하죠.

독일도 예외가 아닙니다. 소련 침공 전에도 히틀러가 군사작전에 간섭한 적이 있지만, 그리 결정적인 간섭은 아니어 그냥 찬란한 승리에 묻혔죠. 하지만 독, 소전에서는 본격적으로 간섭하기 시작했죠. 1941년 소련 공격 첫해에 독일은 파죽지세로 진격하여 소련의 패배는 거의 확실했습니다. 이 위기를 구해준 것은 다름 아닌 히틀러였습니다. 소련은 공산국가이고 중앙집권적인 독재국가이므로 수도를 점령했어야 했는데, 키에프에 있는 야전군을 포위하는 바람에 귀중한 두 달을 허비하여, 결국 소련에게 모스크바 방어의 시간을 주고, 결정적으로 동장군에 의해 엔진오일이 얼어서 전차는 기동이 제한되고, 진공관으로 이루어진 무전기는 예열이 안 되어 작동이 안 되었죠. 게다가 병사들은 겨울 군복을 지급받지 못한 상태에서 영하 20~30도의 겨울을 맞이하였으니 동상자, 동사자가 속출하고, 보급은 후진적인 말에 의존하다 보니(독일은 700,000만 마리의 말 보유, 주로 보급을 위해) 전선에서 탄약과 연료의 부족 그리고 엄청난 전차, 차량을 유지하기 위한 예비부품의 부족으로 기계화부대의 가동률은 10%대까지 떨어져, 모스크바를 코앞에 두고 진격을 멈출 수밖에 없었죠.

마치 6·25 당시 북한군이 서울을 3일 만에 점령하고도, 서울에서 3일을 지체하여 한국, 미군에게 숨 돌릴 기회를 준 것이 북한군 최대의 실수인 것은 이미 다 아시니까 이해가 쉽겠네요.

하여튼 소련군은 이 기회를 이용하여 강력한 반격을 가했다면 독일군을 나폴레옹 군대처럼 만들었을 수도 있었겠지만, 다행히(?) 스탈린이 작전에 간섭했답니다. 쥬코프와 같은 명장은 좀 더 기다려서 한꺼번에 동시에 반격하여야 한다고 했지만, 스탈린은 지금 당장 반격하라고 닦달을 했죠. 결국 큰 펀치는 못 날리고 잽만 날렸으니 독일군은 가벼운 충격만 받고 금세 회복했죠. 그리하여 전선은 큰 변화 없이 유지되었고, 독일군은 주도권을 계속 유지하면서 내년도 작전을 준비했죠.

첫해에는 히틀러의 간섭이 제한적이었다면 다음해인 1942년부터는 본격적으로 간섭하기 시작했습니다. 다음해 독일군의 목표는 흑해연안의 유전지대입니다. 세계 3대 유전지대 중 하나인 바쿠 유전이 있는 곳. 소련군은 이곳 유전에 크게 의존하고 있었기에 여기를 빼앗으면 소련군의 숨통을 끊어놓는다고 히틀러는 판단했죠. 물론 독일군의 석유 문제도 해결하고. 소련은 모스코바를 주공으로 생각했는데, 뜻하지 않게 남부를 지향하고 코카서스로 방향을 틀자 기습을 당했죠.

여기까지는 좋았습니다. 문제는 스탈린그라드였죠. 스탈린그라드라는 영화를 보신 분은 알겠지만, 이 도시는 상당히 큰 면적이고 중공업 도시입니다. 여기를 반드시 군사적으로 점령해야 할 필요는 없었습니다(2차적인 목표이죠). 문제는 정치논리이죠. 스탈린그라드를 점령함으로써 마치 스탈린을 정복했다는 선전논리, 정치적 위신 같은 정치적인 논리. 하지만 스탈린그라드를 점령하기 위해서 정작 주공인 코카서스 방향의 힘은 약해집니다. 그리고 이 도시에 독일의 최정예 부대가 연이어 투입되었습니다. 독일군의 장점은 기동전이고, 소련군의 장점은 매복전, 준비된 진지에서의 끈질긴 방어전과 근접전인데, 시가전은 독일군의 장점을 버리고 소련군이 유리한 장소에서 전투를 했으니 당연히 독일군은 자신의 장기를 못살려 80만 명의 사상자를 냈죠(소련군도 130명의 사상자를 냈지만). 소련군의 역포위와 동장군에 의해 최정예 제6군 30만 명이 완전 섬멸되고, 정예 공병들이 모두 소모되었죠. 무의미한 전투에, 단지 정치논리에 의해, 군사적으로 점령이 무의미한 곳에 자원을 낭비한 예입니다. 이 스탈린그라드를 계기로 소련군이 주도권을 얻은 것만 보아도 독일군이 얼마나 많은 자원을 여기에 쏟아 부었는지 알 수 있죠.

스틸린그라드를 기점으로 독일군은 수세에 몰려 방어전으로 전환했는데, 역시 히틀러의 작전 간섭이 또 비극을 초래했죠.

소련의 전선은 남북이 엄청 광대하고, 반면 독일 병력은 이를 전부 완전히 커버할 만큼 충분치 않았죠. 그러면 상식적으로 후퇴와 전선 조정을 통하여 전선을 가능한 축소시켜야 하고, 여기서 남는 병력으로 기동 방어를 해야죠. 그리고 독일군의 장점은 기동전이므로 전선을 탄력적으로 운용해야죠. 적이 대규모 공세

징후가 보이면 공세 전 미리 후퇴하여 적의 가공할 포병에 아군이 노출되지 않도록 해야 하겠죠, 전술적 후퇴를 통해 적을 끌어들이고(소련군은 보급부대가 없으므로 공세가 1주일 이상 지속되지 못하는 단점이 있음), 적의 전력이 한계에 다다를 때 전차를 앞세워 역습을 하면 아군의 무기 효율은 극대화되고, 아군의 장기를 십분 발휘할 수 있으니 당연히 합리적인 전술이겠죠.

하지만 이러한 합리적인 작전은 불가능했습니다. 왜냐고요? 히틀러의 무조건 현지 사수 명령 때문이죠. 히틀러가 주장한 것은 후퇴란 없다, 무조건 현 진지를 사수해라, 전선 조정은 없다(마치 옛날의 스탈린처럼. 스탈린도 전쟁 초기에 무조건 현지 사수 명령을 내렸습니다. 소련의 명장 쥬코프 장군은 독일 기갑부대의 포위작전에서 벗어나기 위해 일단 과감한 전략적 철수를 건의했지만, 스탈린은 정치논리에 빠져 무의미한 현지 사수 명령과 무조건 공격 명령으로 자신의 군대를 무의미하게 낭비했죠. 자신의 군대가 적극적으로 싸울 생각은 안 하고 도망갈 생각만 하고 있다고 판단한 거죠. 아이러니하게도 소련군이 주도권을 쥐기 시작한 시점이 스탈린이 작전에 개입하지 않고 전문 군인에게 권한을 일임한 이후부터이고, 독일이 수세에 몰린 시기가 히틀러가 전문 직업군인인 독일군 참모본부를 배제하고 자신이 작전에 일일이 간섭한 시기부터입니다. 정치인이 전문 직업군인을 제치고 작전에 간섭하는 것이 얼마나 위험하며 나라를 멸망으로 이끌 수도 있다는 것을 명심해야 합니다)입니다.

광대한 전선을 부족한 인원으로 방어하다 보니 전선의 종심은 당연히 얇아지고, 소련군은 한곳에 집중하여 공격하니 당연히 어디든지 돌파가 가능하죠. 독일군은 역습을 하려고 해도 워낙 광대한 전선을 방어하다 보니 역습 부대는 한정되어 있죠. 결과적으로 소련군은 계속 포위해 들어오고, 히틀러는 철수 요구를 묵살하고, 이 결과 귀중한 인적자원, 차량이 포위되어 섬멸, 파괴되었습니다.

전차를 앞세운 전격전으로 서전을 승리로 장식한 독일군이 지극히 비탄력적인 전선 운용으로 전차의 장점, 기동전을 못 살리고 선방어로 일관하였으니 이해가 안 되죠. 오죽했으면 독일 장군들이 히틀러를 스탈린의 간첩이라고 농담까지 했을까요. 스탈린그라드에서 소련군에 포위당했을 때도 포위가 완전하지 못한 서쪽으로 돌파하여 후퇴했다면 최소 10만 명 이상의 제6군은 탈출에 성공하였을 겁니다. 하지만 히틀러는 후퇴를 거부했고, 결국 무의미한 전투에 귀중한 자원을 낭비했죠.

경직된 전선 운용은 재앙의 근원이죠. 만약 6·25 당시 한국군과 미군이 후퇴를 안 하고 끝까지 현 진지 사수를 했다면 북한군에게 모두 포위되어 아마 6·25는 북한의 승리가 되었을 겁니다. 전략적 철수, 적의 소모 그리고 반격은 합리적인 판단입니다. 중공의 홍군도 장개석 군의 포위에 대항하여 탄력적인 기동 방어가 아닌 선방어로 일관하다 대병력을 잃고, 대장정이라는 피난길에 오르게 되었죠.

1차 대전이 참호전으로 이어지고, 선방어가 가능했던 것은 방어 무기(포병, 기관총)는 강하지만, 이를 돌파할 무기(전차, 장갑차)는 없어 방어가 오히려 유리했죠. 방어 자체가 우수한 전술이 아니라 상황이 그러했죠.

소련이 공세로 전환, 베를린을 점령하여 전쟁이 끝날 때까지 이러한 히틀러의 고집은 바뀌지 않았습니다. 도저히 방어가 불리한 지형에서 무리하게 죽음으로 방어하라는 비합리적인 명령, 무의미한 자원 소모, 이의 반복. 이것이 동부전선에서 독일이 패한 원인입니다. 단 한번 독일군의 화려한 승리는 1943년 하르코프 전투에서 일어났습니다. 만슈타인은 대규모 철수로 전선을 축소하고, 이를 통해 남는 병력으로 반격을 하자고 제안하여 관철시켰습니다. 그리하여 정신없이, 투우의 소처럼 진격하는 소련군에게 일부러 전선의 틈을 보여주고, 이를 통해 쇄도하는 소련군을 자루 속에 가두어 대승을 거두었죠. 7:1의 병력의 열세에도 불구하고요.

이것이 동부전선에서의 마지막 승리였습니다.

결론적으로 비합리적인 작전 명령으로 귀중한 자원이 무의미하게 낭비되었습니다. 그럼 히틀러는 왜 그토록 철수를 거부하고 적에게 포위되어 전멸의 위기에 놓여도 철수를 거부했을까요? 필자의 생각에는 철수에 따른 정치적 부담이죠. 정치적 고려가 군사적 합리성을 가로막은 것, 이것이 독일 패배의 원인이죠. 자원의 효율적인 할당이 아닌 자원의 무의미한 낭비의 연속. 독일군은 자신의 우수한 인적자원을 무의미하고, 반복적인 선방어전에서 계속 고갈시켰습니다.

만약 히틀러가 작전에 간섭하지 않고 독일 장군에게 맡겼다면 역사는 달라졌을 겁니다.

- **일본의 경우**

독일이 히틀러의 작전 개입으로 망했다면 일본은 도그마에 빠진 군인들에 의해 패배했다고 봅니다. 정치인이 작전에 간섭한 예를 일본에서는 찾아볼 수 없습니다. 도그마의 사전적 의미는 종교, 이데올로기 등의 권위를 가진 조직에 의해 확립되어 논쟁이 허용되지 않는 믿음, 교리를 말합니다. 일반적으로는 이성적, 논리적인 검증과 비판을 배제한 독단적, 일방적인 신념을 말합니다. 그럼 일본군은 왜 이리 독단과 아집에 빠졌을까요? 이러한 의문은 러일전쟁에 있습니다. 육군이 신봉하는 총검 야습, 해군의 점감 요격에 의한 함대 결전이 모두 러일전쟁의 결과물이기 때문입니다. 러일전쟁은 다윗과 골리앗의 싸움이었습니다. 세계 강국인 러시아가 동양의 신생국이며, 소국인 일본에 패배하리라고는 누구도 예상치 못했죠.

일본 자신도. 이렇게 어려운 전쟁에서 당당히 승리를 했으니, 일본 군부의 콧대는 하늘을 찔렀을 테고 일본군에 대한 비판은 일체 용납이 안 되었겠죠.

러일전쟁을 육군과 해전으로 나누어서 우선 육전을 살펴보면,

① **육상전**

만주에서 벌어진 육전에서 일본군을 괴롭힌 것은 러시아군이 아니라 바로 탄약의 부족이었습니다. 산업혁명 이후의 대량 생산, 대량 소비의 근대전을 최초로 경험한 일본은(청일전쟁은 엄밀히 말해 근대전이라고 하기에 청나라 군대는 너무나 낙후되어 있었다) 이렇게 많은 탄약이 필요할지 전혀 예상치 못했습니다. 한 달은 사용하리라던 탄약이 하루 만에 소진되었을 정도였으니, 이러한 자원의 열세, 공업력의 열세를 일본군은 보병에 의한 총검 야습으로 종종 뜻하지 않은 성과를 거두었고, 왕성한 공격 정신이 자원의 열세를 극복한다고 굳게 믿었습니다. 사실 서양에서 특공대도 아닌 대군이 야간에 총검에만 의지하여 야습을 한다는 것은 매우 생소했죠. 주로 넓은 평야에서 포병의 대규모 지원사격에 뒤이은 보병의 돌격이 제식화되던 유럽에서 포병의 지원사격도 없이 대규모 보병이 야습한다는 것은 상상도 못했죠. 하지만 궁하면 통한다고 일본은 자원의 열세, 탄약의 부족을 이러한 인적자원으로 커버할 수밖에 없었고, 이것이 성공을 거두자 광신적 정신주의야말로 전투의 최고 가치라는 잘못된, 수정할 수 없는 자기 확신에 빠진 겁니다.

이러한 정신주의가 2차 대전 내내 일본 육군 전체를 지배하는 사상이요, 전쟁철학이 된 겁니다. 정신주의만 강조하다보니 무기와 장비는 유럽에 비해 한 세대 뒤떨어져, 유럽에서는 전차와 항공기가 결합된 전격전을 치루는 동안 일본은 여전히 보병에 의존하는 후진국형 군대가 되고 있었습니다.

하지만 이를 만회할 공업력도 없었지만, 전쟁은 무기로 하는 게 아니라 '악으로 깡으로' 한다는 광신적 정신주의만 강조하다 보니 현대적 무기와 장비의 개선이나 도입보다는 기존의 전술인 총검 야습에 점점 더 의존하게 되었습니다. 이러

한 과도한 정신주의는 이루 말할 수 없는 폐단을 낳았는데, 가장 큰 문제는 합리성의 상실입니다. 이 결과 일본군의 고질병인 '화력 경시, 정보 경시, 보급 무시, 방어 소홀, 인명의 경시'가 모두 과도한 정신주의가 낳은 폐해입니다. 러일전쟁에서도 통했으니 서구와의 전쟁에서도 통할 것이며, 미군은 모두 겁쟁이니 일본도를 높이 쳐들고 야습 돌격하면 모두 혼비백산 도망갈 것이라는 다소 우스꽝스러운 선입관, 고정관념을 가지고 전쟁에 돌입한 것입니다.

러일전쟁의 승리로 일본 육군은 자기 오만에 빠져 어떠한 변화도, 비판도 받아드릴 수 없을 만큼 완고한 관료주의에 빠진 겁니다. 태평양 전쟁시 적의 집중 십자포화 속을 총검 돌격으로 뚫고 나가야 했던 일본군은 군대라기보다는 광신적 종교집단의 모습이었습니다. 직능의 세분화, 이로 인한 전문성, 효율성이 관료주의의 장점인데, 일본군의 이러한 장점은 모두 버리고 오직 완고한 권위주의만 내세워, 자기 수정이 불가능한 채 무의미한 전투에 귀중한 자원을 계속 낭비하여 결국 미국에 패한 것입니다. 아군의 무기 효율은 극대화시키고 적의 무기 효율은 무력화시켜 최소의 희생으로 목표를 달성한다는 전술의 원칙은 어디서도 찾아 볼 수 없고, 중요한 것은 무기의 양이나 질이 아니라 무조건 왕성한 공격정신만 있으면 만난(萬難)을 극복하고 승리할 수 있다(러일전쟁시의 선배들처럼)는 잘못된 도그마로 일본 국민 전체를 지옥에 빠뜨린 것입니다. 2차 대전 일본군 출신이 어디 가서도 신분을 숨기고 대접을 못 받는 이유가 이러한 잘못을 일본 국민도 익히 알고 있기 때문입니다. 구 일본군은 입이 열 개라도 할 말이 없죠.

② 해전

일본은 섬나라의 특성상 안보의 최우선 순위를 해군력 건설에 두고 국가 예산 할당에 최우선 순위를 두었습니다. 황실에서 내탕금까지 내놓고, 공무원들의 월급을 쪼개어 해군력을 건설했을 정도로 그 열정이 어느 정도인지 짐작이 가죠.

이렇게 해서 청일전쟁, 러일전쟁의 해전에서 일본은 압도적인 승리를 이루었고요. 특히나 러일전쟁은 동해에서 러시아의 발틱함대를 섬멸함으로써 러시아의 항복을 받아낸 것은 모두 잘 아는 사실입니다. 만약 해전에서 완벽한 승리를 못했다면 만주의 일본 육군 앞에는 러시아 본토에서 속속 도착하는 정예병에, 뒤에는 발틱함대의 해상봉쇄로 재정적으로는 과도한 군비로 인한 국가 경제 파탄으로, 결국 전쟁에서 패했을 겁니다.

그래서 동해 해전이 더욱 빛났고, 이를 지휘한 도고 제독이 국민적 영웅이 된 거죠. 동해 해전은 각국의 예상을 깬 일본의 압승이었습니다(일본조차도 놀랄 정도). 동해 해전은 전술적으로 점감 요격과 거함거포주의로 요약될 수 있습니다.

점감 요격은 적이 공격해 오는 것을 요격하되 점진적으로 적을 약화시킨 다음, 거함거포로 결전을 치러 승패를 가르자는 전술이며, 이를 위해서는 적보다 더 멀리서 더 대형의 탄환으로 사격하고, 적의 탄환에 견디기 위해 거대한 함포, 두꺼운 장갑의 거함거포가 필요하다는 개념이죠.

동해 해전을 계기로 세계 해군국은 거함거포가 역시 대세임을 확인하고 각국이 300mm 이상의 거대한 구경의 함포를 탑재한 전함 건조에 경쟁적으로 뛰어들었습니다. 일본도 예외는 아니었습니다.

일본이 태평양에서 패전한 이유를 많은 책에서 미국은 처음부터 항공모함을 주력으로 삼은 반면, 일본은 여전히 시대착오적으로 거함거포에 매달린 결과라고 지적합니다. 하지만 이는 잘못된 분석입니다.

일단 무사시, 야마도와 같은 거대한 전함의 건조는 1930년대에 시작한 것이며, 그 당시에는 세계 각국이 거함거포의 전함을 경쟁적으로 건설한 시기로 일본만의 현상은 아닙니다. 그리고 태평양 전쟁시 일본은 미국보다 더 많은 항공모함을 보유했으며, 세계 각국 모두 항공모함을 여전히 보조적인 수단으로 간주하였습니다. 항공모함에서 발진한 폭격기의 폭탄이 전함의 두터운 장갑을 뚫고 침몰까지 시키기에는 역부족이었거든요. 항공모함이 전함을 압도한 이유는 오히려 뇌격기의 공이 크다고 봅니다. 태평양 해전을 보면 진주만, 말레이 해전(영국 동양 함대 전멸) 모두 일본의 뇌격기에 의한 침몰이 대부분입니다. 어뢰는 배의 가장 약한 부분인 흘수선 밑을 공격하고, 침수를 유도하므로 어뢰의 공격은 매우 치명적입니다. 그런데 아이러니하게도 뇌격기를 가장 먼저 주력으로 이용한 것은 일본 해군입니다. 진주만은 수심이 낮아서 뇌격기의 사용이 어려운데(어뢰는 낙하중력에 의해 바다 속으로 일단 깊이 들어갔다가 솟아오르므로 수면이 낮은 곳에서는 그냥 바다에 쳐박힘), 어뢰를 개량하여 낮은 수심에서도 사용이 가능케 하여 진주만에서 전과의 대부분은 어뢰의 공격에 의한 것입니다. 당시에 급강하 폭격기가 주력이던 미국과는 대조적이죠. 미국이 항공모함을 주력으로 사용한 이유도 사실은 전함들이 진주만에서 침몰, 대파되는 바람에 남은 것이 항공모함이라, 항공모함을 주력으로 사용할 수밖에 없었던 것입니다.

따라서 미국은 처음부터 변화의 선두에 서서 항공모함을 주력으로 이용해서 승리했고, 일본은 거함거포주의에서 헤어 나오지 못해 패했다는 것은 잘못된 해석입니다. 그럼 일본은 항공모함으로 진주만 해전에서 대승을 거두고, 말레이 해전에서는 비행장에서 이륙한 비행기에 의해 영국 동양 함대를 전멸시키고도, 왜 거함거포주의 사상을 버리지 못했을까요?

첫째 이유는 우선 러일전쟁에서 함대 결전으로 너무나 완벽한 승리를 거두었기에 이것이 너무나 머리에 인이 박힌 겁니다. 함대 결전이야말로 해전의 불변의 원칙이라는 도그마에 빠진 겁니다. 만약 동해 해전에서 그렇게 압승을 거두지 않았다면 그렇게 도그마에 빠지지 않았을 텐데, 압승이 오히려 일본 해군에게는 독이 된 것입니다. 마치 1차 대전 참호전에서 승리한 영국, 프랑스군이 역시 방어가 최선이라는 도그마에 빠져 마지노선 건설에 주력하고, 그 안에서 안주해버린 것처럼 일본도 과거의 화려한 승리 속에 너무 오랫동안 취해 있었습니다.

두 번째는 그들의 학습시스템의 구조적인 문제입니다. 일본 교육은 본질적으로 주입식, 암기 위주의 교육입니다. 토론과 비판 위주의 서양식 교육과는 완전히 다른 전통적인 동양적인 교육시스템입니다. 암기 위주의 교육은 준비된 작전에서는 큰 효과를 발휘하지만 전혀 새로운 우발적인 상황에서는 전혀 독창성을 발휘하지 못한다는 문제점이 있습니다. 군사 분야도 예외가 아니어, 메이지유신 시대 세계를 학교로 삼아 치열하게 모방하여 단숨에 선진국 수준의 해군을 육성했습니다. 하지만 모방까지는 암기로 가능하지만, 새로운 창조는 암기 위주의 교육으로는 절대 불가능합니다. 함대 결전을 교조적으로 받드는 암기식 교육을 몇십년간 받은 보수적인 집단이 갑자기 새로운 전술로 일시에 선회한다는 것은 대단히 어려운 일입니다. 새로운 전술의 채택은 집단적 합의가 이루어지고, 그에 따른 훈련, 작전, 무기 도입과 연관되어 있는 매우 복잡한 문제입니다. 도그마에 빠진다는 것이 얼마나 무서운 것인지는 조선시대 완고하고 배타적인 성리학으로 이미 망국의 경험을 했기에 그 폐해를 아실 겁니다. 성리학 앞에 모든 학문은 사교요, 이단자요, 혹세무민이요, 오랑캐요, 죽임의 대상이었으니 성리학을 비판한다는 것은 곧 자신의 목숨뿐 아니라 일족의 목숨도 내놓아야 하는 위험천만한 자살행위죠. 도그마가 이렇게 무서운 것입니다.

일본도 서전에서 항공모함과 뇌격기로 대승을 거두고도 거함거포 사상에서 제공권 사상으로 선회하지 못한 것 역시 일본의 경직된 교육시스템의 한계를 보여주는 것이죠. 일본이 해전은 제해권이요, 제해권은 오직 최종적으로 함대 결전에 의해서만 가능하다고 고집한 반면, 미국은 제해권은 곧 제공권으로 장악해야 한다고 보고(진주만에서 당하고, 미드웨이 해전에서 제공권으로 승리를 하여 주도권을 쥐기 시작하였기에 두 번의 해전에서 교훈을 얻음) 방향을 제공권 확보로 급선회했습니다. 이에 따라 항공모함 중심, 비행장 건설 중심으로 바뀌었죠. 반격의 기점을 과달카날 섬으로 정한 이유도 바로 비행장의 확보에 있었고, 섬을 점령하기 위해 그렇게 애쓴 이유도 바로 비행장(일종의 불침항모)을 건설하여 제공권을 확보하면 제해권은 자동적으로 확보 가능하며, 제해권의 확보는 결국 일본군의 보급로를 차단하여 섬에 고립되어 있는 일본군을 고사시킬 수 있다는 전략에서 나온 겁니다.

미군이 잠수함을 일본군의 보급선, 상선의 파괴에 집중한 반면, 일본군은 잠수함을 전함의 보조 전력으로 적 전투함의 공격에만 사용했죠. 적 함대 격멸이 해군의 지상목표였기 때문에 다른 것은 생각지도 못했죠.

미군은 변화된 환경(이제 제해권은 제공권에 좌우)에 적응하도록 스스로를 진화시켜 성공하였고, 일본군은 변화된 환경에 적응을 거부하고 결국 사라진 것이죠. 정리하면 육군은 야습의 성공에 도취되고, 해군은 함대 결전에 도취되어 이것을 영원불변의 법칙으로 거의 종교적으로 신봉했고, 이에 대한 비판은 일체 허용치 않았습니다. 여기에 러일전쟁 승리에 대한 오만과 전통적 사무라이의 광신적 정신제일주의가 결합되어 전쟁 기간 내내 합리성이 결여된 작전이 허용되어 무의미하게 낭비되었던 것입니다.

도그마는 일본군에게만 한정된 이슈는 아니며, 2차 세계대전 당시의 프랑스, 영국도 같은 경험을 했습니다. 연합군은 우수한 대량의 전차를 보유하고도 이를 끝까지 보병의 근접 화력 지원으로만 이용했으며, 여전히 지상전의 중심은 보병이 되어야 한다고 생각했습니다. 그리고 연합군은 요새화된 진지에서의 방어가 독일군을 막을 수 있다는 병적인 신념을 가지고 있었고, 공군이 지상군을 근접 지원하는 것을 '공군의 매춘'이라고 경멸했죠.

연합군의 도그마와 일본군의 도그마의 차이는 바로 자신의 경험을 활용하지 못한 데 있습니다. 일본군은 만주 노몬항에서 소련군의 기계화부대에 패하고도, 이에 대한 교훈 없이 여전히 보병에 의한 총검 야습을 고수한 반면, 연합군은 독일과의 전쟁(독, 영불 전쟁) 후 교리를 보병에서 기갑사단으로 선회했죠. 일본 해군도 진주만 해전, 말레이 해전에서 항공기로 대승을 거두고도 여전히 항공세력을 함대 결전의 보조세력으로 간주하여 항공부대의 발언권이 항상 함정 출신 지휘관에게 밀린 반면, 미국은 진주만과 미드웨이 해전을 계기로 전함을 보조세력으로 항공세력을 해전의 중심으로 두는 해전교리를 채택했죠. 일본군은 쓰라린 경험도, 서전의 눈부신 승리도 이용하지 못한 반면, 연합국은 경험을 최대한 이용하여 변화하는 전장 환경에 적응, 진화에 성공했습니다.

Q 6. 북한은 왜 잊어버릴 만하면 위기(미사일 위기, 핵위기)를 만들죠?

A 2009년 5월 26일 북한이 지하 핵실험에 성공하면서 다시 북핵 위기가 이슈화되었습니다. 얼마 전에는 미사일 위기를 일으키더니 이제 핵무기까지, 김정일은 왜 이리 국제적으로 고립을 자처하는 자충수를 둘까요? 그렇다고 미국이 부시정부처럼 북한을 '악의 축'으로 규정하고 제거의 대상으로 여기는 시대도 아니고, 오바마는 유화적인 외교정책으로 그동안 불편했던 반미국가에 손을 내밀고 있는데, 그렇다고 북한이 핵무기를 포기하는 조건으로 미국, 일본, 한국에게 큰 경제적 보상을 요구한다 해도 이를 들어줄 국민적인 분위기도 아닌데요.

참으로 속을 알 수가 없죠. 하지만 김정일을 보면 "한 나라의 외교정책은 그 나라 정권의 처한 상황에서 도출된다."는 말이 적합하다고 봅니다. 김정일이 김일성으로

부터 물려받은 유산은 속빈 강정이죠. 경제난, 식량난, 에너지난, 외교적 고립, 무엇 하나 제대로 돌아가는 게 없죠. 더구나 북한 주민 통제의 핵심인 식량배급제의 붕괴가 가장 치명적입니다. 북한 정권의 건국이념이 무엇입니까? 김일성이 북조선에서는 쌀밥에 고깃국 먹는 지상낙원을 건설해주겠다고 인민들에게 약속했는데, 쌀밥은커녕 옥수수밥도 배불리 못 먹을 정도니 이미 북한 정권의 존재 의의는 없어졌다고 봅니다.

자기 처자식 3끼 밥도 못 먹일 형편이라면 그 집안 가장의 권위가 서겠습니까? 처자식이 속으로 가장 알기를 우습게보겠죠. 북한 김정일이 현재 그런 처지입니다.

북한 노동당, 군대 모두 부정부패에 빠져 자기 몫 챙기기에 급급해도 당당히 이야기할 수가 없습니다. 국가에서 모든 걸 책임지는 것이 공산주의 국가인데, 국가에서 기본적인 식량조차 책임을 못 지니 각자 알아서 챙겨 먹을 수밖에요. 김정일도 그것을 아는지라 부정부패를 알고도 수수방관할 수밖에요.

통치의 핵심은 위로부터의 통제와 아래로 부터의 복종입니다. 밑에서 내 말을 우습게 알면 이미 통치는 무너진 거죠. 그 통제의 핵심은 돈과 권력입니다. 인간은 돈과 권력 앞에서 한 없이 약해지죠. 후진국에서 엘리트의 소원이 공무원이죠. 고위 공무원이 되면 자동적으로 권력과 함께 축재의 기회가 생기니까요. 역으로 돈이 없으면 통제를 할 수 없죠. 주머니에 땡전 한 푼 없는 가장이 처자식을 통제할 수 있나요?

김정일은 인민에 대한 통제는 상실했습니다. 인민을 배불리 먹일 수 없으니. 하지만 지배계급에 대한 통제는 아직까지는 유지하고 있죠. 사금고에 있는 달러 뭉치로 그리고 군대의 무력으로. 김정일이 등장하자마자 유독 선군(先軍)정치를 내세우는 이유가 체제 불만을 힘으로 밀어붙이겠다는 의도죠. 중세교회가 권위를 상실하자 그 대안으로 내놓은 것이 종교재판이죠. 교회는 종교개혁으로 세속적인 세력이 흔들리자, 지난날의 반성과 회개를 통한 자기정화보다는 눈엣가시 같은 인간은 모두 종교의 이름으로, 신의 이름으로 화형시켰죠. 김정일도 같은 처지입니다. 자기 정권의 무능에 대한 비판, 반성 그리고 개혁정책보다는 군대를 배경으로 체제불만자는 모두 쓸어버리겠다는 심산이죠.

하지만 이것도 한계가 있습니다. 당근 없이 계속 채찍만 휘두를 수는 없죠. 그래서 생각한 것이 위기 조성입니다. 논리는 이렇죠. 주변 국가를 자극하는 정책을 내놓으면 당연히 주변국가도 이에 군사적으로 대응할 테고, 김정일은 이를 빌미로 "봐라. 우리가 지금 전쟁 위기에 처해있는데, 무슨 불평불만이냐." 이런 논리죠. 대외적인 위기야말로 체제 불만을 억누르고 당근 없이 계속 채찍을 휘두를 정당성을 부여해 주는 독재정권의 단골 레퍼토리이죠. 우리도 70년대 경험했지 않나요? 북한이 땅굴 파고, 무장공비 침투시키고, 베트남이 공산화되어 국가 안보에 비상이 걸릴 때를 최대한(?) 이용하여 유신헌법을 만들고, 공포정치를 했던 시절. 국민들은 국가 안보라는 명분에 밀려 꾹 참았죠. 물론 그때는 경제가 호황이었으니 거지 신세인 김정일 정권과는 일대일 비교는 안 되지만, 아무튼 대외적인 안보 불안이야말로 인기 없는 정권에게는 가뭄의 단비이죠. 김정일 정권의 벼랑 끝 전술이 심해지면 심해질수록, 그만큼 체제에 대한 불안감이 크다는 것을 반증하는 것입니다.

김정일 체제가 안정을 찾지 못하는 한 이러한 위기는 계속 진행형이 될 것입니다. 더구나 김정일이 자신의 아들에게 정권을 세습하려는 시점에서 대외적인 위기는 반발과 저항감을 억누를 호재이죠. 건국 이래 최악의 안보 불안, 이에 따른 국가 총비상사태 선포, 그 속에서의 정권 세습. 참으로 거부할 수 없는 매력이죠. 정권 세습이 다가올수록 북한의 도발은 더욱 강해질 것이며, 서해교전과 같이 국지적인 도발도 얼마든지 가능합니다. 국지적인 도발과 이를 영웅적으로 해결한 김정일의 아들! 이런 시나리오도 가능하죠. 병영 국가에서 군사영웅이야말로 영웅의 꽃이죠.

이에 대해 우리는 김정일의 페이스에 말려들면 안 됩니다. 한·미 공조는 공고히 하고, 적의 미사일을 타격할 수 있도록 정찰기와 장거리 스텔스기의 타격 능력을 확보하면서, 적을 혼란에 빠뜨리기 위해 오히려 회담을 인도적인 적십자 회담을 제의한다든가, 북한 어린이를 돕기 위한 분유나 의약품을 보내겠다고 하여(물론 국민들의 저항은 있겠지만, 언론사들 불러서 취지를 설명해야죠, 오해 않도록) 북한을 내부 분열시키고, 김정일을 당황케 해야 합니다. 이게 진정한 '햇볕정책' 입니다(햇볕으로 상대를 고사시키는).

지지율 회복과 국면 전환이라는 내부 정치적 목적을 위한 북한 퍼주기는 북한도 바보가 아닌 이상 너무 속보이고, 북한이 남한 정부를 더욱 우습게 알게끔 할 뿐입니다. 김대중, 노무현 정부 내내 남북정상회담을 위해 현금을 보내고, 식량, 비료를 보냈지만 결국 북한이 미사일도, 핵도 포기하지 않은 이유는 북한 지원이 애당초 순수성을 상실하고 정치적인 쇼, 국면 전환용이라는 의도가 너무 빤히 노출되었기 때문입니다. 진짜 사심 없이 도와주든가, 아니면 미국처럼 확실히 몰아붙이든가 해야죠.

Q 7. 북한의 포병에 대한 진실은?

A 매년 발행되는 '국방백서'에 단골로 등장하는 항목이 바로 남북한 포병 전력 비교입니다. 북한은 약 12,000문의 포를(여기서 포병은 105mm 이상을 의미하며, 박격포는 제외), 한국군은 약 6,000문의 포를 보유하여 수적으로 절반에 불과하므로 우리의 포병이 절대 열세라고 대부분 생각하고 있습니다. 그럼 여기서 항상 2가지 의문에 마주칩니다. 첫째는 북한은 왜 그리 포의 숫자가 무지막지하게 많을까?(북한의 야포는 수적으로 세계 3위 정도), 두 번째는 그럼 우리는 북한에 비

해 화력의 열세인가?

이러한 의문을 풀기 위해서는 북한의 군사교리에 대한 이해가 선행되어야 합니다. 아시다시피 북한군은 해방 후 소련군의 지원 아래 현대적인 군대를 육성하였기에 소련군의 무기와 함께 그 군사교리도 그대로 이어받았는데, 그 중에 OMG(Operation Maneuver Group : 작전기동군)의 개념도 그대로 수입하였습니다. OMG는 보병이 돌파구를 형성하면 그 틈으로 대규모 기갑부대를 투입하여 순식간에 적의 수도로 진격하여 전쟁을 종결시킨다는 아주 단순하면서 무식한 이론입니다. 이러한 이론의 원형은 2차 대전 당시 독일군과의 전투에서 얻은 경험을 토대로 하는데, 여기에는 몇 가지 중요한 핵심 전제 조건이 있습니다.

1) 다다익선(多多益善)

우선 압도적인 수적 우위가 질적 우위보다 우월하다는 사상입니다. 독일의 일점호화주의(一點豪華主義)나 엘리트주의보다 표준화되고 값싼 무기의 대량생산이 복잡하고 정밀하지만 대량생산이 어려운 질적인 우위의 무기보다 훨씬 효과가 있다는 사상인데, 소련을 비롯한 공산권의 국가가 대부분 대병력 위주, 수적인 우위에 대해 광적으로 집착하는 이유는 바로 2차 대전의 교훈을 바탕으로 한 철저한 수적 우위에 대한 확신 때문입니다. 북한에는 생산한지 거의 40년이 넘은 아주 노후한 전차도 도태시키지 않고 유지하는 이유가 바로 이러한 수적 우위에 대한 맹신 때문입니다. 2차 대전과 같은 산업화 시대 전쟁에나 통하던 이론을 정보혁명이 시작된 지금도 여전히 고수하는 모습에서 공산체제의 경직성을 엿볼 수 있고, 공산권이 정보혁명에 실패한 이유를 알 수 있습니다.

2) 포병은 전쟁의 신이다

다음은 포병화력에 대한 신봉입니다. 스탈린은 "포병은 전쟁의 신이다."라고 했을 정도로 포병에 대한 무한한 믿음을 가지고 있습니다. 그래서 포병의 숫자가 특히 엄청나죠. 그렇지 않아도 숫자에 집착하는데 포병을 전쟁의 신으로까지 생각하니 포병에 대한 투자는 제일순위입니다. 그리고 이 포병이야말로 OMG(작전기동군)를 지원해줄 핵심 화력 지원 세력이기에 북한의 포는 대부분이 자주화되었죠. 전체 포병 중에 70% 정도가 자주화되었으니 굉장한 비율인데, 이렇게 자주화에 집착하는 이유는 바로 이러한 군사교리 사상 때문입니다. 공산권 포병의 또 하나의 특징은 다연장로켓(일명 카투샤포)을 매우 많이 보유했는데, 다연장로켓은 '스탈린의 오르간'이라고 독일군이 별명을 붙일 정도로 매우 두려워했던 포입니다.

이 포의 특징은 정밀 타격이 아닌 무식하게 일정지역을 한꺼번에 날려버리는 포입니다. OMG(작전기동군)가 돌파를 하기 위해서는 돌파구를 뚫어야 하는데, 이때는 정밀 포격보다는 그냥 특정지역을 한꺼번에 쓸어버리는 것이 더 효과적이라고 생각하는 거죠.

3) 보급은 자체적으로

2차 대전 당시 독일군이 놀란 점이 소련군의 후방을 공격시 당연히 만나야 할 보급 부대가 없다는 것입니다. 소련군은 탄약, 연료, 식량을 별도의 보급부대로부터 보급받는 것이 아니라 자체적으로 최대한 싣고 출발합니다.

그래서 소련 전차는 탄약 적재수가 많고, 그림과 같이 내부 연료통 이외에

외부 연료통이 추가적으로 있습니다. 외부 연료통은 자칫 적의 소화기(小火器)의 공격으로 전차 전체의 화재를 유발할 수 있지만, 그들의 사상이 별도의 보급부대가 없이 최대한 자체적으로 많이 실어야 하기에 나온 고육지책입니다. 이렇게 자체적으로 연료, 탄약, 식량을 싣고 공격을 하면 대략 200km를 전진하면 연료가 바닥납니다. 그러면 전진을 중지하고 후방에서 보급을 추진하여, 다시 재보급을 한 다음 움직입니다.

4) 공군은 지상지원은 없이 제공권 장악만

소련하면 생각나는 전투기가 바로 미그기입니다(Mig-17, 19, 21, 23, 29 등등). 이 미그기의 기본적인 역할은 공대공 전투에 특화되어 있다는 겁니다. 따라서 가볍고 날렵하며, 속도가 빠르지만 대신 지상공격 능력은 없습니다. 그 이유는 공군의 역할은 OMG(작전기동군)의 공중 엄호를 위해 적기의 요격에만 역할을 한정하였습니다. 서방처럼 공군이 지상군에게 화력을 지원하는 공대지 임무는 없고, OMG의 화력 지원은 오직 포병만이 합니다. 북한은 미그 17급, 19급, 21급과 같은 현대전에는 이제 부적합한(레이더 문제, 야간 전투 문제) 미그기를 약 525대 보유하고 있고, 그나마 우리와 대적 가능한 미그-23(60대), 미그-29(40대)를 보유하고 있지만, 모두 지상공격 능력은 거의 없다고 보면 됩니다. 북한을 포함한 공산권이 포병이 비대한 이유가 여기 있죠. OMG는 공군의 화력 지원을 기대할 수 없으니 포병에 올인할 수밖에 없죠.

우리는 공산권의 기갑교리인 OMG의 이해를 통하여 북한 포병의 숫자가 왜 그리 많은지, 그리고 자주화 비율이 매우 높은지 알아보았고, 덤으로 노후 전차를 끝까지 보유하는 이유와 소련 전차의 설계사상도 이해했습니다. 어차피 무기 설계의 기본 바탕은 군인들의 요구이며, 군인들의 요구는 결국 그들의 전술사상에서 나옵니다.

그럼 첫 번째 의문(북한이 포병 세력이 비대한 이유)은 풀렸고, 다음은 남북한 포병 전력 비교 문제입니다.

두 번째 문제를 풀기 전에 먼저 우리가 가진 선입견을 먼저 깨야 합니다. 화력 지원하면 포병을 연상하지만 사실 공군도 엄청난 지상군 화력 지원의 기능이 있다는 겁니다. 특히, 우리는 전투기 도입시 공대공 능력은 기본이고 항상 공대지 능력도 동시에 수행 가능한 멀티-롤(Multi-role) 전투기를 원합니다. 예를 들어 F-15K는 폭탄 탑재량이 10톤에 이릅니다(B-29 폭격기와 같은 폭탄 탑재량). 155mm 포탄의 무게가 대략 45kg이니, F-15K 한 대면 155mm 포탄 222발의 위력이 있습니다. 더구나 공군은 위에서 투하하니 적의 지상군에게는 더욱 두렵고, 레이더의 도움으로 정밀 폭격이 가능하니, 포병처럼 10발 쏘아서 1발 맞으면 성공인 확률과는 차원이 다르죠. 참고로 F-16이 7톤(155mm 156발), F-4가 8톤(155mm 178발)의 폭탄 탑재량을 가지고 있습니다. 미국의 군사교리는 소련의 OMG를 돌파하기 전에 파괴하기 위해서는 포병의 짧은 사거리로는 불가능하므로(OMG는 전선의 뒤에 있어 포병의 사거리 밖이다), 결국 공군에게 그 임무를 부여했기에 미국 전투기는 공대지 능력이 필수이고, 여기에 매우 비교 우위에 있습니다.

결국 한국군은 포병만의 숫자는 열세이나 공군의 포병화 전력까지 합치면 전체 화력은 절대 밀리지 않습니다. 더욱이 지상군(전차, 포병)의 천적은 항공기이므로 공군의 포병화는 단순히 155mm 포탄 몇 개에 해당이라는 정량적 의미를 훨씬 넘어선 가공할 화력입니다. 하지만 우리는 이러한 사실은 간과하였기에 한국군의 화력은 열세라는 잘못된 선입관을 가진 것입니다. 아울러 한국 공군은 북한의 OMG에게는 포병보다 더 큰 공포스러운 존재이기에 포병에 대한 의지보다는 공군력을 증강하는 것이 더욱 효율적인 이유입니다.

본문의 '작전론'에서 예를 든 케르치 반도 전역에서 독일군이 2:1의 수적 열세에도 불구하고 작전을 성공시킨 이유는 독일 공군의 압도적인 화력 지원이 있었기 때문입니다. 포병 전력은 열세였지만 공군의 공중폭격 지원까지 합치면 오히려 독일군은 화력에서 우세했습니다. 그리고 공군의 신속한 기동성 덕분에 포위망을 빠져나가려는 소련군을 적시에 몰살 시킬 수 있었습니다. 이렇듯 공군의 항공 지원은 지상 화력의 열세를 만회하고도 남으며, 화력을 논할 때는 지상 포병과 공군의 지상 폭격 능력을 같이 고려해야 합니다.

육군에서는 2020년까지 39조 원을 들여 북한에 비해 절대적 열세인 포병세력 확대에 사용한다고 하는데, 과연 39조 원이라는 천문학적인 돈을 들일만큼 우리의 전체 화력(육군+공군)이 열세인지 의심이며, 포병에 대한 올인보다는 F-15K 같은 전투폭격기의 도입이 북한의 OMG군을 막는데 파괴력, 정확성, 사거리 등 모든 측면에서 더욱 효과적이라 봅니다.